빌 앤드루스의
**텔로미어의
과   학**

CURING AGING

Copyright ⓒ 2014 by Bill Andrews
All rights reserved.
Translation copyright ⓒ 2015 by EAST-ASIA Publishing Co.

이 책의 한국어판 저작권은 저자와 독점 계약한 도서출판 동아시아가 소유합니다.
저작권법에 의해 한국 내에서 보호를 받는 저작물이므로 무단 전재와 무단 복제를 금합니다.

빌 앤드루스의 **텔로미어의 과학**

초판 1쇄 펴낸날 2015년 8월 12일 | **초판 3쇄 펴낸날** 2020년 12월 14일

지은이 빌 앤드루스 | **옮긴이** 김수지 | **펴낸이** 한성봉
편집 안상준·강태영·박소현 | **디자인** 유지연 | **마케팅** 박신용 | **경영지원** 국지연
펴낸곳 도서출판 동아시아 | **등록** 1998년 3월 5일 제1998-000243호
주소 서울시 중구 퇴계로30길 15-8 [필동1가 26]
페이스북 www.facebook.com/dongasiabooks | **전자우편** dongasiabook@naver.com
블로그 blog.naver.com/dongasia1998 | **트위터** www.twitter.com/dongasiabooks
전화 02) 757-9724, 5 | **팩스** 02) 757-9726

ISBN 978-89-6262-113-6   03470

잘못된 책은 구입하신 서점에서 바꿔드립니다.

빌 앤드루스의
텔로미어의 과학

과학이 말하는 노화와
생명연장의 비밀

빌 앤드루스 지음
김수지 옮김

동아시아

한국어판 서문

'노화 치유' 연구에 든든한 버팀목이 되어준 한국인들에게 진심으로 감사하다는 말씀을 특별히 전하고 싶습니다. 이 책을 읽는 동안 텔로미어와 텔로머라아제의 중요성을 알게 될 것이며 이는 여러분들 자신의 노화 치유에 커다란 도움이 될 것입니다.

텔로미어가 항상 길게 있기를 기원합니다.

빌 앤드루스

CONTENTS

5 • 한국어판 서문

9 • 머리말

노화는 치유할 수 있는 질병이다
왜 인간은 영원히 살 수 없는가

15 • 제1장 인간은 왜 늙을까?

인간은 왜 노화과정을 겪는가?
노화는 질서가 파괴되는 불가피한 과정이 아니다
노화는 환경적 손상이 서서히 누적되는 것이 아니다
노화는 인구 증가를 억제하는 수단이 아니다
모든 살아있는 것은 늙는다?
노화는 암에 대한 신체의 방어기전이 아니다
그렇다면 도대체 노화란 무엇인가?

37 • 제2장 노화는 어떻게 일어나는가?

텔로미어 생물학의 역사
말단복제 문제

51 • 제3장 텔로머라아제

텔로미어 길이 치료
왜 약한 텔로머라아제 활성제를 사용하는가?
그 밖에 텔로미어를 길게 유지하기 위해 할 수 있는 일은 무엇인가?

77 • 제4장 노화 치유의 맨해튼 프로젝트

플랜 B: 고속대량 선별검사

95 • 제5장 **노화를 치유할 수 있을까?**

텔로머라아제는 정상 인간 세포주를 불멸화할 수 있다
텔로미어 소실은 노화 증상을 유발한다
텔로머라아제는 노화된 피부를 젊게 되돌릴 수 있다
텔로머라아제는 이론상 노화된 동물을 젊게 되돌릴 수 있다
짧은 텔로미어는 고령으로 인한 사망을 야기한다
텔로머라아제는 장기의 수명을 연장시킬 수 있다
인간에서도 기능성 식품이나 약물을 통해 텔로머라아제 생성을 유도할 수 있다
텔로미어 길이의 조절은 생물에서 노화를 역전시킬 수 있다

111 • 제6장 **생명연장과 텔로머라아제**

노화와 발달 그리고 연대
질병의 표적

137 • 제7장 **윤리적 문제들**

"인구가 과잉화되어 지구상에 인구가 넘쳐나지 않을까?"
"어떤 측면에서는 노화가 좋은 것이 아닌가?"
"사회보장 재정이 고갈되지 않을까?"
"노화 치유가 부자들에게만 이득이 되지 않을까?"
"노화 치유가 자연법칙에 어긋나거나 신성을 모독하는 것은 아닌가?"
"불멸은 이기적인 목표가 아닌가?"
"독재자의 장수와 같이 후손들이 충분히 피할 수 있는 문제가 발생하는 것은 아닌가?"
"대통령이 24세로 보이거나, 혹은 조부모, 부모, 자녀가 모두 같은 나이로
보이는 것이 이상하지 않을까?"

155 • **참고문헌**
158 • **찾아보기**

아, 슬프도다!

이제 무엇을 해야 하나, 또 어디로 가야 하나?

죽음은 내 몸뚱이를 좀 먹으며,

내 몸속에 살고 있네.

내가 가는 곳마다 내가 보는 것마다

죽음이 서 있구나.

-〈길가메쉬〉중에서

머리말

나는 영원히 살 계획이다. 나의 일평생은 오직 이 하나의 목표, 즉 노화를 극복하고 영원히 사는 것에 맞춰져 있다.

아주 어릴 적에 언젠가는 나도 늙어서 죽게 된다는 이야기를 들은 그 순간부터 나는 늙어 죽는 것을 막기 위해 깨어 있는 순간을 거의 다 바쳤다고 해도 과언이 아니다. 당연하지 않은가? 누군가가 나 자신과 내 친구와 내 가족과 지구상의 모든 사람을 죽이려고 한다면 내 모든 시간과 에너지를 바쳐서 범인을 막을 방법을 강구하지 않겠는가? 그 범인이 노화라는 것은 너무나도 당연하다.

이런 이유로 나는 항상 '노화 치유라는 목표를 달성하거나 노화 치유를 위해서 노력하다 죽는 것'을 내 인생의 모토로 삼았다. 이 모토는 재미있는 의미를 담고 있다. '무엇 무엇을 위해서 노력하다 죽는 것'이라는 상투적인 표현을 사용한 것도 그렇고, 노화 치유를 달성하지 못한 사람은 결국 죽을 수밖에 없으니 같은 말을 반복한 것이나 마찬가지다. 그러나 바로 이런 이유 때문에 이 농담은 더 심각한 의미를 지니고 있다.

노화는 치유할 수 있는 질병이다

노화는 복잡하고 어려운 주제이다. 내가 이 책에서 선언한 것처럼 노화가 완치까지는 아니더라도 치료할 수 있는 상태(condition)라고 보는 사람에게는 더욱 그렇다. 의혹을 제기하는 사람도 있겠지만, 나는 인간의 노화를 조절하고 중단할 수 있다고 생각한다. 사실 이는 사람들이 생각하는 것처럼 혁신적인 발언도 아니고, 추정에 의한 신념도 아니다. 사이비과학이나 허풍은 더욱 아니다. 과학적으로 검증하고 입증할 수 있는 확실한 근거를 바탕으로 한 것이다.

여기서 노화를 말할 때 '질환(disease)'이 아니라 '상태'라고 표현한 것을 눈치 챈 독자도 있을 것이다. 이 같은 단어 구분이 무의미해 보일 수도 있다. 사실 내가 보기에도 무의미한 것은 맞다. 노화 자체가 질환인가, 아니면 단순히 노화와 관련이 있는 수많은 질환의 원인인가? 개인적으로 뭐가 됐든 상관없다. 상태가 치유되면 질환도 치유되기 때문이다. 하지만 어떤 단어를 선택하느냐에 따라 법적으로는 의미의 차이가 크다. 질환 치료에는 정부 보조금이 있지만 상태 치료에는 보조금이 없기 때문이다. 또 상태 치료를 위한 건강보조식품은 합법적이지만 질환 치료를 위한 건강보조식품은 불법이기 때문이다.

앞으로 더욱 자세히 다루겠지만, 노화라는 퍼즐의 상당수는 텔로미어(염색체 말단에 DNA가 반복 배열된 부분)와 관련이 있다고 이미 수십 년 전부터 알려져 있다. 텔로미어가 없으면 세포가 분열할 수 없다. 거의 모든 노화 관련 질환(암, 죽상경화증, 골다공증 등)은 일생 동안 텔로미어의 길이가 점점 짧아지는 과정에서 발생한다.

텔로미어 단축과 노화 관련 질환 사이의 연관성을 조사한 과학적 연구들을 수십 년간 지속적으로 추적한 바에 따르면, 우리가 '노화'라고 생각하는 것은 수십 가지의 독립적인 질환이 아니라 사실은 단 하나의 문제를 바탕으로 하고 있다. 이 질환을 '노화'라고 부르기가 꺼려진다면 텔로미어단축질환

(Telomere Shortening Disease)이나 짧은 텔로미어병(Short Telomere Disease)이라고 칭할 수도 있다. 우리의 몸을 퇴화시키고 쇠약하게 만드는 이 병이 바로 내가 치료하려는 대상이다.

왜 인간은 영원히 살 수 없는가

노화를 이기는 것은 임상적 불사(clinical immortality)라는 더 큰 목표를 향한 첫걸음이다. 즉, 스스로 죽음을 선택한 경우를 제외하고 그 누구도 영원히 죽지 않는 것이다. 임상적 불사를 비판하는 사람들 중에는 이것이 본질적으로 이기적인 목표라고 반대하는 경우도 있다. 죽어서 다음 세대를 위해 자리를 내어 놓는 것이 의무라는 것이다.

'죽음의 의무'라니, 정말로 이해하기 힘든 개념이다. 인간의 문명은 생존권과 생존 의무를 모두 인정하고 있지 않은가? 실제로 이 둘은 가장 근본적인 신념 중 하나로 손꼽힌다. 사람들은 흡연이나 비활동적인 생활처럼 수명을 단축하는 습관을 비판하고, 자살 시도는 범죄만큼이나 끔찍한 일로 여긴다. 이처럼 생존 의무를 중요하게 여기기 때문에 죽을 권리를 인정하지 않는 사람도 많다. 그러나 80대나 90대가 되면 얘기가 달라진다.

이때는 이미 무력한 상태가 되어 더 이상 자신을 돌볼 수 없게 되고, 결국 나의 간호를 위해 수백만 달러의 사회적 비용을 소모하거나, 내가 점점 쇠약해지는 모습을 사랑하는 이들이 고통스럽게 지켜보는 것 외에는 방도가 없다. 여기에는 도덕적 의미가 숨어 있는데, 마치 내 자신과 가족들이 이런 고통을 겪는 것이 의무처럼 여겨질 정도다.

이를 어찌 도덕적이라고 볼 수 있을까? 하지만 나는 과학자이지 철학자가 아니다. 신학자는 더더욱 아니다. 비록 가톨릭 집안에서 자라긴 했지만, 내 기억이 닿는 한은 스스로를 무신론자라고 여기며 살아왔다. 나는 세상에 과학으로 해결할 수 있는 문제도 있지만 과학으로는 답할 수 없는 문제도 있다고 생각한다. 과학으로 답할 수 있는 문제라면 적극적으로 답을 찾기 위해 노력해야 한다. 과학으로 답할 수 없는 문제라면 답을 찾을 수 있을 때까지 기다리는 것 외에는 할 수 있는 일이 없다.

내가 가장 중요하게 생각하는 문제는 '인간이 영원히 살아야 하는가'가 아니라 '왜 인간은 영원히 살 수 없는가'이다. 이

흥미로운 질문에 대한 대답은 어느 정도는 추측을 근거로 할 수밖에 없다. 그러나 과학적 설명이 가장 타당한 설명이라고 생각한다.

제1장
인간은 왜 늙을까?

과학기술의 역사 속에서 어떤 문제를 완전히 이해하기도 전에 문제가 해결된 예는 수도 없이 많다. 예를 들어, 라이트 형제는 기체역학에 관해 아주 기초적인 상식만 알고 있었다. 라이트 형제의 기술은 당시의 과학을 뛰어넘는 것이었기 때문에, 결국 기계가 제대로 작동하기는 했지만 자신들도 왜 작동하는지를 정확히 설명할 수 없었다. 그러나 어쨌든 공기보다 무거운 비행기를 성공적으로 만들었고, 이후에 운송 혁명을 이끄는 계기가 되었다. 결국은 나도 그와 같은 업적을 이루기를 희망하고 있다. 정확한 작용기전은 설명할 수 없더라도 효과가 있는 약을 만드는 것이다.

그러나 기술이 과학적 이해를 뛰어넘을 것이라는 생각에만 의존할 수는 없다. 문제를 해결하려면 먼저 문제의 성격부터 파악해야 한다. '노화는 왜 발생하는가?'라는 질문에 매달리는 것도 그 때문이다.

이 질문은 애매모호한 면이 많다. 사람들마다 질문의 형태는 다르지만 결국 의문점은 하나다. 인간은 왜 노화과정을 겪는가? 왜 노화로 고생하는가? 노화의 존재 목적은 무엇인가? 혹은 실질적인 의문, 즉 '인간의 노화 과정은 어떻게 진행되는가?'라는 질문을 제기하는 경우도 있다. 앞으로 이 두 가지 질문을 모두 다루겠지만, 일단 첫 번째 질문부터 살펴보자.

인간은 왜 노화과정을 겪는가?

왜 인간이 노화과정을 겪는지 묻는 것은 철학적 질문처럼 들리기도 한다. 그러나 사실 궁극적으로는 생물학적 질문, 그것도 매우 중요한 질문이다. 내 삶의 목표가 노화 기전을 통제하는 것이라는 말은 은유적인 표현이다. 나는 인체에서 노화 기전을 분리해서 제거하고 싶다. 엔지니어가 어떤 장치에서 불필요한 부품을 제거하고자 할 때는 먼저 '이 부품의 역할이 무엇인지' 물어보아야 한다.

노화에 관한 질문에서 이 같은 비유는 상당히 적절하다고 본다. 여기서 장치는 인체를 의미하고, 불필요한 부품은 인간의 수명이 125년도 채 되지 못한다는 사실을 의미한다. 그렇다면 이를 제거해야 한다. 사람들은 묻는다. 안전하다고 확신하느냐, 노화가 인간에게 필수적인 부분이 아니라고 확신하느냐, 노화가 없어도 인간의 신체(혹은 인류 전체)가 고장을 일으키지 않으리라고 확신하느냐고.

이런 질문을 제기하는 것은 매우 타당하다. 수년간의 연구 끝에 과학계는 이제야 노화과정이 무엇인지 발견하기 시작했다. 그리고 더 많은 지식이 쌓일수록 결론은 더욱 확실해지고 있다. 즉, 노화는 제거할 수 있는 것이고 제거해야 마땅하다는 것이다.

노화가 무엇인지 설명하기 전에, 노화에 관한 오해부터 풀어야 한다. 노화에 관한 이론은 여러 가지가 있는데, 그중 어느 것도 배제하고 싶지는 않다. 나의 궁극적인 목표가 영생인데, 어느 한 가지 이론에만 집착해서 전진하지 못하는 것은 싫기 때문이다.

그중에서 믿을 만한 이론이든 아주 회의적인 이론이든 상관없이 각각의 노화에 관한 이론을 모두 몸 안의 다이너마이트라고 생각해보자. 그중에서 가장 먼저 제거해야 할 뇌관은 어느 것일까? 도화선이 가장 짧은 것이다. 이를테면 단백질최종당화산물(*advanced glycation end-products*)과 교차결합(*cross-linking*)이 인간 노화에 개입한다는 데는 의심의 여지가 없지만, 먼저 해결해야 할 문제는 아니다.

아래는 노화의 이론 중에서 우선순위의 아래에 있는 이론들, 즉 도화선이 길다고 생각하는 이론들이다.

노화는 질서가 파괴되는 불가피한 과정이 아니다

모든 것은 늙는다는 생각은 흔한 학설이다. 높은 산도 결국에는 침식되고 허물어져 사라진다. 이 학설은 때로는 완전히 철학적이고, 때로는 열역학 제2법칙을 참조하기도 한다. 그러나 궁극적으로는 시간이 흐름에 따라 모든 질서가 서서히 파괴되고, 따라서 모든 것은 늙는다고 주장한다.

그러나 이 이론에서 한 가지 고려하지 않은 것이 있다. 바로 지속적으로 관리하면 노화가 일어나지 않는다는 것이다. 일반적으로 차는 10년에 걸쳐 20만 킬로미터 정도 달리고 나면 유지비가 너무 많이 들기 때문에 폐차된다. 이를 차의 일반적인 '수명'이라고 볼 수 있다. 그러나 정기적인 관리를 통해 차의 수명을 늘릴 수 있다. 손상된 부품을 모두 교체하면 50년 후에도, 백만 킬로미터를 달린 후에도 차의 기능을 유지할 수 있다. 여기에는 이론적인 한계가 없다. 차를 영원히 유지하겠다는 의지와 수단만 있다면 영원히 유지할 수 있다. 내가 거주하는 네바다 주(州)의 도시 리노(Reno)에서는 매년 8월에 전국에서 가장 큰 규모의 클래식카 페스티벌이 열리는데, 실제로 1950년대에 제조되어 내 나이만큼 오래되었지만 이제 막 공장에서 출고된 것처럼 보이는 차들이 거리를 가득 메우는 것을 볼 수 있다.

  물론 대부분의 사람들은 차를 계속 유지하지 않고 교체한다. 사람들은 차를 유지하는 것에는 관심이 없고, 제대로 작동하는 차가 필요할 뿐이다. 사람의 몸은 낡고 오래되었다고 해서 버리고 새것으로 바꿀 수 없기 때문에, 몸에서 자연적으로 고쳐지지 않는 손상은 직접 고치면서 유지해야 한다. (적어도 아직은 신체를 교체하는 것이 불가능하지만, 나노기술이나 디지털 의식

(*digital consciousness*) 등 아직 연구개발의 초기 단계에 있는 기술에 기대가 모아지고 있다. 이 같은 이론적인 미래기술에도 관심이 있기는 하지만, 아직까지는 살아있는 동안에 해결할 수 있는 과제에만 집중하고 싶다.)

인간은 현재로서는 하나의 몸에 구속되어 있다. 한 가지 좋은 소식은 인간의 몸은 지속적으로 관리하면 영원히 몸을 사용하지 못할 이유가 없다는 것이다. 지난 18년간 나의 임무는 인체로 하여금 그와 같은 유지 기능을 수행하도록 하는 것이었다. 인체는 세포분열을 통해 스스로를 어느 정도 보수하고 유지할 수 있다. 그러나 세포는 무한정 분열하지 못하도록 프로그램 되어 있다. 이것이 바로 노화의 핵심이며, 이 책의 중심 내용이다.

노화를 치유하는 것은 열역학 제2법칙을 위반하는 것이라고 주장하는 사람도 있다. 모든 시스템에서 질서의 점진적 감소를 예측하는 것이 열역학 제2법칙이다. 그러나 단기적 측면에서 생물은 엔트로피를 따르지 않는다. 사암이나 화강암 덩어리는 결국 질서가 파괴되어 먼지가 되지만, 여기에 씨앗이 자리를 잡으면 바위 덩어리를 이루던 원자는 질서를 잃는 것이 아니라 더욱 질서정연한 상태가 되어 식물이 되고, 이 식물이 동물에게 먹혀서 대사되면 에너지가 되어 의도적인 행위(willful action)를 수행하게 한다. 벌써부터 우주의 열죽음(heat death)을 논하려는 것이 아니라면, 엔트로피 자체를 노화 치유의 장애물로 볼 필요는 없을 것이다.

노화는 환경적 손상이 서서히 누적되는 것이 아니다

수 세기 동안 가장 큰 지지를 받은 이론은 '손상(wear and tear)' 현상일 것이다. 사람의 노화 과정이 본질적으로는 차의 노화 과정과 동일하다는 것이다. 아주 저명한 과학자나 전문가들도 인간은 완전한 상태로 태어나지만 매일 손상이 누적된다고 믿었다. 독성물질을 호흡하고, 햇볕에 그을리고, 매 걸음마다 뼈와 근육을 상하게 해서 결국 몸에 고장이 난다는 것이다. 태어날 때는 새로운 부품(근육, 뼈, 장기 등)을 갖고 태어나지만 시간이 지날수록 마모된다는 것이다.

하지만 이 이론으로는 전체 노화 과정을 설명할 수 없다. 손상만으로 노화가 발생한다면 사람마다 수명에 더 큰 차이가 있을 것이다. 이 이론대로라면 몸을 더 많이 쓸수록 몸은 더 손상된다. 따라서 활동적인 사람은 삶의 대부분을 실내에서 가만히 지낸 사람보다 더 늙어 보여야 한다.

연료탱크를 비우고 배터리 연결을 끊은 채로 주차장에 세워둔 차는 차의 기준에서 봤을 때 사실상 '불멸'의 상태나 마찬가지이다. 하루에 수백 킬로미터를 달린 차는 상대적으로 빨리 손상될 수밖에 없다. 그런데 어째서인지 인간의 몸은 그와 반대로 작용한다.

차와 같은 방식으로 자신의 몸을 보존하려는 것처럼 '보이는 사람도 있다. 온도를 21℃로 맞춘 방에서 소파 위에 누워 텔레비전을 보며 대부분의 시간을 보내는 사람들이다. '손상이 서서히 누적된다'는 이론으로 노화를 설명하려면 이런 사람은 마라톤을 뛰는 사람보다 10배, 20배, 50배는 더 오래 살아야 된다.

그러나 사실은 반대이다. 차는 계속 움직이면 수명이 짧아지지만 인간은 계속 움직이면 수명이 늘어난다. 그런데 어떻게 '손상' 이론이 진실이라고 말할 수 있을까?

노화의 생물학적 기전을 설명하는 이론들 중 상당수가 본질적으로는 이 '손상' 이론을 뒤따르고 있다. 햇빛에 의한 손상이 누적되거나, 인체의 대사작용에서 발생하는 유리기(遊離

基, *free radical*) 때문에 노화가 발생한다는 것이다. 그러나 같은 연령의 사람에서 두 이론을 뒷받침할 정도의 수명 차이는 없다. 적도에 사는 사람의 노화 속도는 극지방에 사는 사람과 비슷하다. 식단이 극명하게 다른 사람이라도 수명 차이는 미미할 뿐이다. 아주 극단적인 경우를 제외하면 외모만 보고도 그 사람의 나이를 몇 년 차이 내에서 추측할 수 있다.

동물의 수명도 문제가 된다. 쥐와 고양이, 사람은 모두 동일한 환경의 영향을 받는데 왜 수명은 제각기 다른 것일까? 아직도 '바다거북이 오래 사는 것은 차가운 환경에서 생활하고 끊임없이 움직이기 때문인가요?'라고 묻는 사람이 있다. 나는 이런 질문에 대답할 때 3년에서 4년밖에 살지 못하는 물고기도 동일한 환경에서 사실상 동일한 '생활양식'으로 살아간다고 말한다. 이런 동물이 죽는 이유가 무엇이 되었든 환경적 손상의 지속적이거나 측정 가능한 누적 때문은 아니다.

노화는 인구 증가를 억제하는 수단이 아니다

노화는 자연이 인구 증가를 억제하는 수단이라고 믿는 사람이 있다. 어느 정도는 직관적인 결론이다. 전체 인구에서 개인을 제거하는 방법이 있다면 환경이 버틸 수 없는 정도로 인구수가 증가하지는 않을 것이기 때문이다. 그렇다면 노화는 인구과잉을 막는 안전밸브와 같다.

이 이론의 문제점은 객관적으로 봤을 때 노화가 '안전밸브'의 기능을 제대로 발휘하지 못한다는 점이다. 노화가 인구수를 조절하는 유일한 기전이었다면 지구는 이미 오래전부터 인간으로 넘쳐났을 것이다.

수백 년 전, 즉 의학과 과학의 힘으로 영아 사망률이 낮아지기 전에는 노화로 죽는 것이 흔한 일이 아니었다. 사람들은 질병, 전쟁, 자연재해, 역병, 출산으로 사망했다. 노화는 인구수 조절의 기전이 전혀 아니었다. 이런 역경에도 불구하고 인류는 전 세계에서 그 수가 점점 증가해서 번창하게 되었다.

노화로 인구 증가가 억제된다는 이론은 수학적으로도 반박할 수 있다. 가령 천 명의 개척자를 실은 우주선이 질병이나 포식자가 없는 어느 행성에 도착했다고 가정해보자. 이 개척자들은 최대한 빨리 인구수를 늘려야 하기 때문에 20세가 되면 결혼해서 6명의 아이를 낳는다. 이 정도의 가족 수는 산업시대 이전에는 상당히 흔했고, 원시 상태의 행성에서도 다시 나타날 확률이 높다. 단 80년, 4세대 만에 천 명은 7,000명으로 다음에는 43,000명, 다음에는 259,000명, 다음에는 1,555,000명으로 늘어난다.

다시 말해서 인간의 번식능력은 단 한 생애 동안에 천 배 이상으로 증식할 수 있는 정도이다. 따라서 이 행성의 인구가 백만 명에 도달할 시점에 사망자 수는 천 명보다 적다. 그리고 이백만 명이 사망할 나이가 될 때면 십억 명이 새로 태어난다. 이는 노화가 '안전밸브' 작용을 할 수 있을 정도의 수준이 아니다.

철학자 토머스 맬서스(*Thomas Malthus*)는 노화가 인구 증가의 방어책이 아니라는 사실을 잘 알고 있었다. 맬서스는 인구 성장이 멈출 수 없는 힘이라고 주장한 것으로 가장 유명하다. 맬서스에 따르면 인구는 음식과 물, 거주지가 모두 사라질 때까지 계속 늘어난다. 따라서 모든 자원이 사라지면 인류는 그냥 누워서 굶어 죽을 수밖에 없기 때문에 인류의 파괴는 불가피한 결과이다. 맬서스는 노화과정을 변수에 넣지도 않았다.

수적으로 봤을 때 노화과정이 전혀 없이 인구 과잉이 일어날 수 있다는 점은 너무나 명백했기 때문이다.

맬서스는 지금쯤이면 인간이 이미 멸종되었을 것이라고 예상했을 것이다. 그러나 이 이론은 아직 입증되지 않았다. 다른 종들과 마찬가지로 인간도 개체 수를 안정적으로 유지하도록 생물학적으로 설계되어 있는 것이다. 주택 가격과 양육비가 상승하면 사람들은 아이를 가지는 것을 미루거나 아예 포기해버린다. 일부 선진국의 경우에는 인구성장률이 제로에 가깝거나 혹은 이미 제로를 지나 마이너스 성장을 향하고 있다.

예를 들어, 일본은 크기가 작고 비교적 자원이 부족한 섬나라이지만 메뚜기 떼가 지나간 것처럼 황폐하지 않다. 2010년 현재 일본의 인구성장률은 −0.1%이다. 말할 필요도 없겠지만 일본인이 더 빨리 노화되어서 그런 것은 아니다. 노화라는 '안전밸브'의 기능이 더 좋아서 그런 것이 아니다. 사실 지구상에서 가장 오래 산 사람들 중에는 일본인도 몇 명 있을 정도다. 그보다는 출산율이 인구 교체 속도보다 낮아졌기 때문이다. 인구가 과잉화되면 인간은 본능적으로 '지금은 아이를 낳기에는 너무 혼잡하고 비용이 많이 든다'고 생각한다. 실제로 인구 증가는 노화가 아니라 이런 기전을 통해 억제된다.

결론은 늙지 않는 집단 혹은 심지어 불멸의 집단에도 결국에는 아이를 낳지 않는 문화가 나타나며, 여기에는 어떤 극단적인 법칙이 있는 것이 아니라 단순히 우리의 자연적인 생물학적 성향이 그렇게 설계되어 있기 때문이다.

모든 살아있는 것은 늙는다?

흔히들 오해하는 것 중 하나가 모든 살아있는 것은 늙는다는 것이다. 이는 사실이 아니다.

모든 살아있는 것이 결국 죽는 것은 맞지만 노화와 죽음은 다른 것이다. '노화'의 생물학적 정의는 시간이 경과함에 따라 생물의 사망률이 증가한다는 것이다. 예를 들어, 10살 된 개의 사망률은 2살 된 개보다 더 높다. 따라서 개는 노화한다고 말할 수 있다.

그러나 박테리아의 경우에는 그렇지 않다. 상당수의 박테리아는 사망률이 매우 높지만, 사망률과 시간 사이에 아무런 관련이 없다. 2일 된 박테리아는 20일 된 박테리아보다 사망확률이 더 높거나 낮지 않다. 무엇인가가 박테리아를 죽이면 사망하는 것이다. 따라서 박테리아는 노화과정을 겪지 않는다고 말할 수 있다.

실제로 노화가 없는 종이 일부 존재한다. 그중에서도 최근에는 '죽지 않는 해파리'라고 불리는 작은 보호탑 해파리(투리토프시스 누트리쿨라 *Turritopsis nutricula*)가 언론의 관심을 받고 있다. 이 생물은 성적으로 성숙한 단계에 도달하면 폴립(*polyp*) 상태로 복귀하며, 이론적으로는 이 성숙-복귀 주기에 횟수 제한이 없다.

인간도 이런 전략을 따라서 영아기를 반복해야 한다고 (혹은 그럴 수 있다고) 주장하는 사람은 없다. 그러나 이런 전략을 따르지 않고 단순히 노화과정을 겪지 않는 동물도 있다. 그중 가장 유명한 동물은 바닷가재이다. 바닷가재는 시간에 따라 사망률이 증가하지 않는다. 다만 일생 동안 체중이 증가하기 때문에, 바닷가재의 나이를 추정할 수 있는 유일한 방법은 무게를 재보는 것이다. 현재까지 포획된 바닷가재 중 가장 무게가 많이 나가는 것은 9kg이 넘는데, 나이는 약 140살 정도로 추정된다.

거북이 노화하는지에 대해서는 아직 알려진 바가 없다. 이론적으로 최대수명이 있는지 아니면 나이가 들수록 사망률이 증가하는지 확실한 증거가 없다. 찰스 다윈(*Charles Darwin*)이 개인적으로 수집한 거북은 최근 175세의 나이로 사망했다. 현재 가장 나이가 많은 거북은 세인트헬레나 섬에 사는 거북으로 나이는 180살이 넘는 것으로 추정된다.

노화는 암에 대한 신체의 방어기전이 아니다

노화는 생애 초기에 치명적인 암이 발병하는 것을 막는 기전이라는 가설을 최근에 들어본 적이 있을 것이다. 이는 개인적으로 생각하기에 완전히 신뢰성이 없는 가설이다. 오히려 노화는 암을 유발하는 주요 원인이지 암을 예방하는 수단이 아니다! 이 부분에 대해서는 뒷부분에서 더 자세히 다루겠다.

그렇다면 도대체 노화란 무엇인가?

조금 이상한 비유를 들자면, 노화는 수백 년 전에 끝난 전쟁에서 쓰고 남은 핵무기와 같다.

지구상에서 생명의 역사는 일종의 기나긴 생물학적 전쟁의 역사라고 할 수 있다. 포식자는 먹이를 잡아먹어야 하고, 먹이는 포식자로부터 도망가야 한다. 그러려면 포식자와 먹이 모두 자신의 능력을 계속해서 갈고 닦아야 한다. 균형이 어느 한쪽으로 치우치면 (포식자가 먹이를 잡는 능력이 너무 뛰어나거나, 먹이가 포식자를 피하는 능력이 너무 뛰어나면) 다른 한쪽은 멸종 위기에 처한다. 사실은 먹이사슬이 붕괴되어 양쪽 모두 멸종할 수 있다. 먹이가 없으면 포식자도 오래 살 수 없기 때문이다.

생존을 위해서는 모든 종이 지속적으로 적응해야 한다. 사자가 달리는 속도가 빨라지면 먹이도 위장을 하거나, 뿔과 같은 방어무기를 만들거나, 거북 껍질과 같은 갑옷을 만들어야 한다. 그러면 사자는 이런 방어를 이겨내도록 진화해야 생존할 수 있다.

이런 맥락에서 볼 때 왜 사자에게 노화과정이 필요한지 쉽게 알 수 있다. 사자가 불멸의 존재라면 먹이도 그에 따라 진화하기 때문에 사자는 더 이상 불멸의 존재가 될 수 없다. 수천 년이 지나는 동안 사자의 먹이는 더욱 잡기 어려워질 것이다. 결국에는 먹이를 잡는 것이 불가능해져서 모든 사자는 굶어 죽게 될 것이다. 역설적으로 어느 개체가 오래 살면 어느 종은 반드시 단명하게 된다. 따라서 해당 종 내에서 불멸의 유전자는 사라지게 된다.

사자는 최상위 포식자로, 먹이사슬의 가장 꼭대기에 있다. 그 외에 개와 고양이, 인간도 먹이사슬의 최상위에 있기 때문에 이들 종은 모두 노화과정이 필요하다. 실제로 개와 고양이의 노화 방식이 인간의 노화 방식과 상당히 동일하다는 연구 결과도 있다. 즉, 텔로미어가 짧아지는 것이다.

여기서 이런 의문이 생긴다. '그렇다면 사자의 먹이는 왜 노화과정이 필요한가?' 가젤은 노화하지 않아도 결국 포식자에게 잡아 먹혀 다음 후손으로 교체되기 때문에 자연선택이 지속될 수 있다. 가젤의 유전자가 사자에게 연민을 느껴서 죽을 리는 없지 않은가!

문제는 노화과정이 없으면 가젤이 다음 후손으로 교체될 수 없다는 것이다. 오히려 자신의 후손이 교체될 가능성이 더 높다. 자식을 키우기 위해 필요한 것보다 더 오래 사는 것은 진화론적으로 아무런 이득이 없고 오히려 단점만 있다. 죽지 않는 가젤은 자신의 후손보다 뛰어나서 후손의 생존을 막을 가능성이 높다. 어느 종이든 각각의 개체는 자원(음식, 짝, 주거지 등)을 얻기 위해 서로 경쟁한다. 젊고 건강한 동물은 오래 생존할수록 경험이 축적되어 더 많은 자원을 획득하고 자신의 사회적 지위를 강화한다. 젊은 가젤이 성숙한 가젤과 경쟁하게 하려면, 자연은 개입을 통해 성숙한 가젤이 물러나게 해야만 한다. 그 방법은 성숙한 가젤을 더 약하고 질병에 잘 걸리게 만드는 것, 즉 노화이다.

이런 맥락에서 보면 노화의 성격이 무엇인지 더욱 명확해진다. 노화는 어떤 사건이나 피할 수 없는 것이 아니다. 노화는 다른 종과의 경쟁에서 생존상의 이득을 위해 특별히 고안된 프로그램이다. 인간이라는 종이 수백 년 동안 생존하고 현재와 같은 존재가 되도록 만들어준 도구이다.

그러나 이 도구는 더 이상 인류에게 필요가 없다. 우리는 더 이상 생존을 위해 매일 대자연과 싸울 필요가 없다. 인간은 음식을 직접 재배하고, 기르고, 사육하고, 심지어 유전자로 조작하기도 한다. 작물을 소화하는 능력을 계속 진화시키지 못해서 작물을 먹지 못하게 될 일도 없다. 가축이 어느 날 갑자기 방어 능력을 키울 가능성도 없다. 무언가가 인간을 잡아먹으려고 하면 무기로 대항할 수 있다.

환경을 직접 통제할 수 있을 정도로 뇌가 발달한 종은 지구상에서 인간이 처음이다. 말하자면, 인간은 아주 먼 옛날부터 지속된 생물학적 전쟁의 승자라는 뜻이다. 인간은 진화 그 자체를 지배하기 시작했다. 동식물을 기호에 맞게 길들이고, 신체적 단점을 해결하기 위해 안경이나 신발, 백신과 같은 도구를 만들었다. 지금은 지구상에서 벌어진 장구한 생물학적 전쟁의 역사상 처음으로 비교적 평화로운 시기라고 할 수 있다.

위에서 노화를 '쓰고 남은 핵무기'로 비유한 것도 이 때문이다. 전쟁은 이미 오래전에 끝났고 무기는 더 이상 아무런 쓸모가 없다. 유지비용만 많이 들고, 게다가 방사선이 새어 나와서 우리를 서서히 죽이고 있다.

과거에는 노화가 강력한 무기였지만 이제는 무력화할 때가 되었다. 인간을 쇠약하게 만드는 죽음을 불필요하게 겪고 싶지 않다면 죽음을 막는 방법에 관심을 가지는 것이 마땅하다. 그러려면 노화가 어떻게 작용하는지 알아야 한다.

제2장

노화는 어떻게 일어나는가?

노화의 기본적 원인은 매우 분명하다. 우리가 늙는 것은 세포가 노화하기 때문이며, 세포가 노화하는 것은 텔로미어가 짧아지기 때문이다.

독자 여러분은 이 책의 앞부분에서도 '텔로미어'라는 단어가 사용된 것을 기억할 것이다. 텔로미어는 그리스어인 텔로스(*telos*, 끝)와 메로스(*meros*, 부분)를 결합한 말로, 염색체의 '끝부분'을 의미한다. 염색체란 게놈에서 *DNA*의 긴 반복배열을 말하는데, 그 길이는 염색을 하면 현미경을 통해 관찰할 수 있을 정도이다. 세포가 분열할 때마다 텔로미어의 길이가 조금씩 짧아지고, 그때마다 세포가 노화된다. 이것이 노화의 핵심 원인이며, 우리가 다룰 핵심 주제이다.

앞서 노화는 프로그램화된 현상이라고 설명한 바 있다. 노화는 어느 정도 예상할 수 있는 일정한 속도로 진행된다. 따라서 인간의 몸속에는 자폭 시점을 카운트다운 하는 일종의 '시계'가 있다고 볼 수 있다. 생물학자들(그 이전에는 철학자들)은 이 같은 가설을 항상 믿었지만 당시에는 아무도 그 기전을 밝혀낼 수 없었다.

그 기전은 바로 텔로미어이다. 인체의 모든 분열세포에서 째깍거리는 노화의 '시계'가 바로 텔로미어이다. 이 시계의 태엽을 거꾸로 돌리는 방법을 알아야 인간의 노화를 치유할 수 있다.

텔로미어 생물학의 역사

텔로미어 생물학은 아직 상대적으로 새로운 과학 분야이다. 텔로미어가 처음 발견된 것은 1930년대이지만, 당시에는 단순히 호기심의 대상에 불과했다. 그로부터 수십 년 후에야 비로소 텔로미어가 노화와 관련이 있음을 알게 되었고, 또 다시 수십 년이 지나서야 이를 증명하기 시작했다. 텔로미어 생물학 연구는 1990년대 중반 제론 사(Geron Corporation)가 처음으로 인간 텔로머라아제(telomerase)를 발견하고 복제한 다음에야 비로소 인간세포를 대상으로 한 개념증명 실험이 가능하게 되었다. 나는 당시 분자생물학부장으로서 이 연구에 참여한 것을 아직도 자랑스럽게 여기고 있다. 나의 지휘 아래 우리 연구팀은 텔로머라아제의 RNA와 단백질 성분을 1990년대 초에 처음 발견했다. 이 발견에 관한 내용은 나중에 자세히 다룰 것이다.

텔로미어는 1938년에 유전학자 헤르만 뮐러(Hermann Müller)가 노랑초파리(Drosophila melanogaster)에서 처음 발견하고 텔로미어라고 이름 붙였다. 노랑초파리는 유충의 침샘에 거대한 염색체가 있어 광학현미경으로 쉽게 관찰할 수 있다. 당시 뮐러는 염색체 실험을 위해 이 초파리에 방사선을 퍼부어 DNA를 파괴하고 돌연변이를 일으키고 있었다.

실험에서 살아남은 초파리를 관찰하던 뮐러는 이들 중 그 어느 초파리도 염색체 끝부분에 손상이 전혀 없음을 발견하고, 이 부분에 "염색체 끝을 봉인하는 특별한 기능이 있을 것"이라고 추측했다. 이 부분이 염색체의 끝에 있기 때문에 뮐러는 이를 텔로미어라고 이름 붙였다. 따라서 뮐러는 처음으로 텔로미어를 '손상으로부터 *DNA*를 보호하는 보호 캡'으로 규정한 사람이라고 할 수 있다.[1]

비슷한 시기 유전학자 바버라 매클린턱(*Barbara McClintock*)도 엑스레이를 이용해서 옥수수의 염색체를 파괴하는 실험을 하고 있었다. 이 연구에서는 염색체가 파괴되면 서로 다시 융합하는 기전이 있지만, 텔로미어가 파괴되면 이 복구기전이 흐트러져서 염색체가 파괴되었을 때 아무렇게나 융합하는 것을 발견했다. 1940년 매클린턱은 텔로미어가 파괴되면 종종 염색체가 서로 융합되어 세포사(細胞死)를 유발한다고 발표했다.[2] 이 같은 세포에서는 염색체의 시작 부분과 끝 부분을 판별할 수 없었다.

뮐러와 매클린턱이 발견한 것은 텔로미어가 염색체의 온전한 상태를 유지하는 데 필수적인 역할을 하며, 따라서 생명을 유지하는 유전정보에 필수적이라는 사실이다. 그러나 두 사람 모두 텔로미어가 점차 짧아지거나, 텔로미어가 노화와 관련이 있다는 점은 발견하지 못했다.

생물학적 노화에 관한 초기 연구들은 텔로미어를 전혀 고려하지 않았다. 1961년 필라델피아에 있는 위스터 연구소

(*Wistar Institute*)의 연구원인 레너드 헤이플릭(*Leonard Hayflick*)은 세포배양에서 인간세포가 몇 번이나 분열될 수 있는지 조사했다.³ 당시 과학자들 사이에서는 박테리아처럼 인간의 세포도 끊임없이 분열되며, 배양 인간세포가 죽는 것은 단순히 배양에 관한 지식이 부족하기 때문이라는 의견이 지배적이었기 때문에 헤이플릭의 연구는 큰 관심을 끌지 못했다.

그러나 헤이플릭은 포기하지 않고 인간세포에는 고유한 분열 횟수(대략 70회 정도)가 정해져 있음을 체계적으로 증명했다. 그 외에도 젊은 사람의 세포는 노인의 세포보다 더 많이 분열할 수 있다는 사실도 발견했다.⁴ 자신의 분열 횟수를 다 소모한 세포는 '노화(*senescence*)'라는 상태에 들어가서 더 이상 분열하지 않는다. 더욱 구체적으로는 '복제노화(*replicative senescence*)'라고 하는데, 세포가 자신의 복제횟수를 다 소모하여 제 기능을 다 발휘하지 못하는 상태를 뜻한다.

인체세포 내에 나이를 결정하는 일종의 '시계'가 존재함을 밝힌 첫 실질적인 증거였다. 이 연구는 노화과정이 단순히 손상이 누적된 결과가 아니라, 세포 내의 어떤 특성이 인간의 수명을 결정함을 증명한 것이다. 헤이플릭은 인간의 노화가 세포 내에 프로그램 되어 있으며, 최적의 생활양식을 실천하면 영원히 살 수 있다는 가설이 사실이 아님을 증명한 첫 과학자이다.

당시 헤이플릭은 무엇 때문에 세포분열 횟수가 제한되는지(이후에 '헤이플릭 한계(Hayflick Limit)'로 명명) 알지 못했다. 당시는 DNA의 이중나선 구조가 발견된 지 10년도 채 되지 않은 시점이었고, 제임스 왓슨(James Watson)과 프랜시스 크릭(Francis Crick)이 이 발견으로 노벨상을 받기도 전이었다. DNA 복제 기전은 아직 연구 단계에 있었다. 사실 미국에서 텔로미어 단축을 유발하는 DNA의 성격을 처음 설명한 사람은 제임스 왓슨이었다.[5]

그러나 소련의 알렉세이 올로브니코프(Alexei Olovnikov)에 비하면 1년 늦은 것이었다.[6] 냉전시대에 소련은 DNA 연구를 위해 미국에 필적하는 노력을 기울였다. 당시 소련과 서구의 과학자들은 좋게 말해서 서로 협조하는 분위기가 아니었다. 올로브니코프와 왓슨은 DNA 복제기전 연구에서 염색체의 끝이 어떻게 복제되는지를 설명할 만한 장치를 발견하지 못했고, 따라서 완전한 복제는 거의 불가능하다고 보고했다. 매번 복제될 때마다 끝부분의 DNA 중 일부가 사라졌던 것이다. 이렇게 DNA가 완전히 복제되지 않는 현상을 오늘날에는 '말단

복제 문제(End Replication Problem)'라고 한다.

말단복제 문제

 세포가 분열될 때는 세포 내의 유전물질이 복제되어야 한다. 이 과정을 DNA 복제라고 한다. 왓슨과 올로브니코프는 DNA 복제의 성격 자체에서 세포분열의 한계가 발생한다고 보고했다. DNA 한 가닥을 복제하는 효소가 DNA의 제일 끝부분까지 복제하지 못해서 일부 DNA의 손실이 발생하는 것이다.
 예를 들어, 길게 한 줄로 나열한 벽돌을 DNA 가닥이라고 하고, 이 벽돌 줄을 따라 되돌아가면서 그 위에 새로 한 줄의 벽돌을 나열하는 것을 DNA 복제라고 해보자. 벽의 끝에 도달했을 때 벽돌을 놓는 사람은 복제할 벽돌 위에 서게 된다. 발밑에 벽돌을 놓기 위해 한 발짝 뒤로 물러서면 이 사람은 아래로 떨어지게 되고, 가장 끝부분에는 벽돌을 놓지 못한다. 결국 새로 만든 벽은 기존의 벽보다 약간 더 짧아지게 된다.
 이 벽의 복제가 불완전한 것처럼, 인간의 DNA도 완벽하게

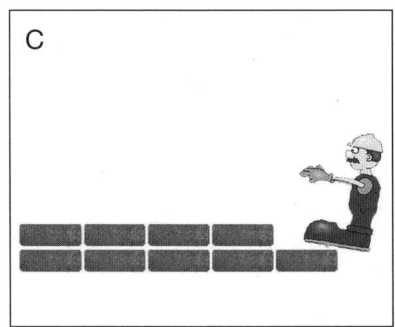

복제되지 못한다. 새로 한 가닥이 복제될 때 새로운 DNA 가닥은 기존의 DNA 가닥보다 더 짧아진다.

    DNA가 복제될 때마다 그 안에 담긴 정보 중 일부가 사라지면 인간은 생존할 수 없다. 누락된 정보로 인해 세포가 기본적인 기능을 수행하지 못하거나, 암으로 바뀔 정도로 세포분열이 많이 일어나면 사람이 태어나지도 못한다. 텔로미어가 중요한 이유 중 하나가 여기에 있다. DNA가 길고 반복적인 서열로 되어 있는 것은 아무런 (필수) 정보도 포함하지 않는 유전물질이 '완충' 작용을 해서 정상적인 DNA 복제과정에 안전하게 포함될 수 있도록 하려는 것이다.

우리 몸의 세포는 대부분 지속적인 분열 상태에 있다. 인체는 모든 계통에서 손상을 입기 때문에 지속적인 유지관리가 필요하다. 세포분열은 이 같은 유지관리의 가장 주요한 방법이다. 대부분의 세포는 장기의 기능 수행을 위해 대개 일 년에 한 번씩 분열한다. 매번 분열할 때마다 텔로미어가 조금씩 짧아지고, 텔로미어가 다 닳은 후에는 분열할 때마다 유전자 정보가 소실되어 매클린턱의 옥수수 연구에서 보고한 것과 같은 돌연변이가 발생한다. 이 같은 돌연변이는 세포사를 유발할 수 있으며, 심지어 암을 유발하기도 한다. 세포에서는 더 이상 분열할 수 없다는 화학적 신호를 보내는데, 그 다음 세포도 계속 분열을 거절하면 이들 세포로 구성된 장기가 더 이상 유지 보수되지 못하고 제 기능을 못하게 되는 것이다.

모든 *DNA*와 마찬가지로 텔로미어도 뉴클레오티드(*nucleotide*)라는 단위로 구성되어 있다. 뉴클레오티드는 줄에 꿴 구슬처럼 배열되어 있다. 인간의 유전자 암호에는 모든 유전적 정보가 네 개의 뉴클레오티드(아데닌(*adenine*), 구아닌

(guanine), 시토신(cytosine), 티민(thymine))를 사용해서 암호화되어 있다. 인간 텔로미어의 뉴클레오티드는 *TTAGGG*(티민 2개, 아데닌 1개, 구아닌 3개)가 반복 배열되어 있다. 이 순서는 모든 텔로미어에서 나란히 수천 번 반복된다. 태아가 처음 잉태되었을 때 이 단세포 태아에는 약 15,000개의 뉴클레오티드에 해당하는 길이의 텔로미어가 있다. 태아가 자궁에서 빠르게 분열하여 출산할 즈음에는 텔로미어의 길이가 약 10,000개의 뉴클레오티드 정도로 감소한다. 그 후 평생 동안 짧아져서, 평균 약 5,000개의 뉴클레오티드 길이에 도달할 때 세포는 더 이상 분열하지 못하고 노화로 죽게 된다.

내 몸의 '텔로미어 시계'에 남아 있는 시간은 혈액세포를 통해 측정할 수 있다. 텔로미어는 인체의 모든 세포에 존재하지만, 그중에서도 혈액세포가 측정에 가장 이상적이라고 손꼽힌다. 혈액세포에는 면역체계가 다량 존재하는데, 이 면역체계야말로 노화관련 질환에 대한 취약성 여부를 가장 잘 나타낸다고 다수의 노인학자들이 동의하고 있기 때문이다. 이 같은 측정을 통해 개인의 나이와 세포 내 시계에 남아 있는 복제 횟수 사이에서 유의미한 연관성을 찾을 수 있다.[7]

현재 다수의 연구소에서 텔로미어 길이를 측정할 수 있으

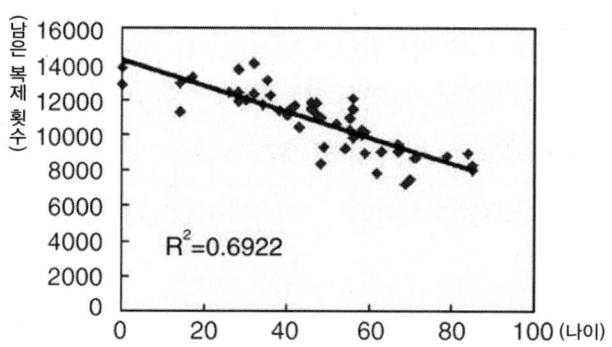

Tsuji, A., A. Ishiko, et al. (2002). "Estimating age of humans based on telomere shortening." *Forensic Sci Int* 126(3): 197~9쪽의 자료를 토대로 재구성한 것임.

며, 이를 통해 개인의 생물학적 나이와 생활연령(chronological age)을 비교해볼 수 있다. 텔로미어의 길이를 정확히 측정하는 것은 기술적으로 매우 어렵고 아직 초기 단계이기 때문에 때로 정확하지 않을 수 있다. 그러나 매년 기술이 발전하고 있기 때문에, 앞으로는 텔로미어 길이 측정이 표준 혈액검사의 일부로 완전히 자리잡을 것이라고 예상한다. 검사 대상의 생활양식이 노화과정을 지연시키는지 (또는 촉진시키는지) 확인하는 데 중요하기 때문이다.

최근에는 텔로미어 길이 측정에서 흥미로운 방법이 새로 개발되었다. 일부 연구소에서 혈액 내 텔로미어 평균 길이를 측정하는 대신에, '위험수준의 길이'보다 짧아진 텔로미어의 비율을 측정하기 시작했다. 이 기술을 이용해서 텔로머라아제를 아주 약하게 활성화하는 화합물의 유익성을 처음으로 감지할 수 있게 되었다.

제3장
텔로머라아제

우리 몸에는 텔로미어의 길이를 다시 길게 만드는 방법이 어딘가에 있는 것이 분명하다. 그렇지 않으면 정자와 난자 세포의 텔로미어 길이도 (아이를 만드는) 어른 몸의 다른 세포에 있는 텔로미어의 길이와 같을 것이고, 결국 생물학적으로는 태아의 나이가 어른 몸의 나이와 같을 수밖에 없다. 자궁 안에서는 세포 분열이 엄청나게 많이 일어나기 때문에 아이가 태어날 때는 우리보다 더 나이가 많아질 텐데, 이 경우에 인류는 한두 세대 이상 존재할 수 없다.

그러나 생식세포는 텔로미어 단축을 보이지 않고, 따라서 노화의 징후도 보이지 않는다. 생식세포도 동일한 생식계열

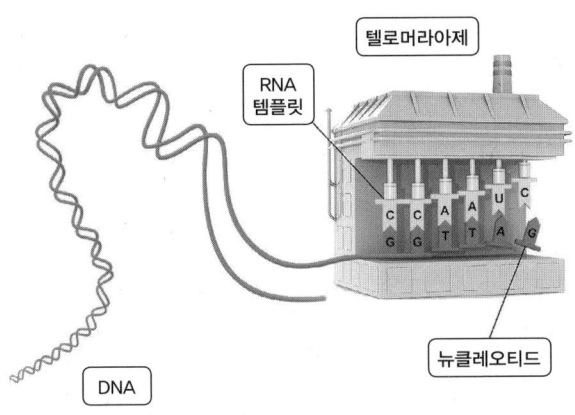

의 세포이다. 즉, 지구상에서 생명이 시작된 이래로 계속 분열을 지속한 바로 그 세포이다. 그런데 이 생식계열은 본질적으로 죽지 않는다.

이 세포계열이 죽지 않는 이유는 우리 몸의 생식세포에서 텔로머라아제(telomerase)라는 효소가 생성되기 때문이다. 텔로머라아제의 주요한 한 가지 기능은 마치 공장의 조립라인처럼 염색체의 끝에 뉴클레오티드를 붙여서 텔로미어의 길이를 길게 만드는 것이다.

텔로머라아제를 발현하는 세포에서는 텔로미어가 짧아지자마자 다시 길어진다. 세포 내의 '텔로미어 시계' 초침이 한 번 똑딱할 때마다 텔로머라아제가 초침을 다시 뒤로 한 번 돌

리는 것과 같다.

  텔로머라아제는 *DNA* 복제로 만들어진 '틈'을 메우는 역할을 한다. 앞에서 벽의 마지막 벽돌을 놓지 못한 예로 돌아가면, 텔로머라아제는 천사가 날아와서 마지막 벽돌을 놓는 것과 같다.

  텔로미어의 길이를 다시 길게 만드는 무언가가 반드시 존재한다고 처음 제시한 사람은 앞에서 말단복제 문제를 처음 설명한 소련의 과학자 알렉세이 올로브니코프이다. 올로브니코프는 세포가 분열할 때마다 염색체의 말단이 짧아진다고 주장했고, 텔로미어가 염색체의 말단에 존재한다는 사실을 알고 있었다. 그에 앞서 올로브니코프는 헤이플릭의 연구결과를 다룬 강연에 참석한 적이 있었는데, 이를 통해 복제노화에 관한 자신의 결론과 헤이플릭의 세포분열 한계에 관한 연구를 결합하여, 텔로미어 단축이 헤이플릭 한계의 원인이라고 처음으로 제안했다. 그리고 번식을 위해서는 텔로미어의 길이를 다시 길게 만드는 어떤 전략이 반드시 존재할 것이라고 생각했다. 그러나 이 전략이 어떤 것인지 설명하거나 혹은 이 전략의 성격을 추측조차 할 수 없었다.

올로브니코프는 1971년 자신의 연구 결과를 발표하였으며, 이로써 소련은 노화과정의 연구에서 한 발짝 더 앞서나가게 되었다. 미국이 다시 우위를 차지한 것은 10년도 더 뒤의 일이다. 1980년대 초 예일대 생물학자인 엘리자베스 블랙번(Elizabeth Blackburn)과 하버드 의대 유전학자인 잭 조스택(Jack Szostak)은 효모균이 실제로 자신의 텔로미어 길이를 다시 길게 할 수 있음을 증명했다.[8] 블랙번과 조스택은 효모균의 텔로미어가 어떤 알 수 없는 효소로 인해 길어진다는 이론을 세웠다.

1984년 블랙번과 대학원 제자인 캐럴 그라이더(Carol Greider)는 해캄 생물인 테트라히메나(Tetrahymena)에서 그 알 수 없는 효소의 한 성분을 발견하고 분리해냈다(이후 텔로미어 말단전달효소(telomere terminal transferase)로 이름 붙였다.).[9] 결국 이 효소는 '텔로머라아제'로 알려지게 되었다. 텔로미어와 텔로머라아제 효소가 염색체를 보호한다는 발견으로 블랙번과 조스택, 그라이더는 20년이 넘게 지난 2009년 노벨 의학상을 받았다.

1984년에 미생물 분야에서 텔로미어와 텔로머라아제가 설명이 되었지만, 이후 10년 동안은 텔로미어 생물학 분야의 연구가 부진한 편이었다. 아무도 텔로미어에 관해서 의학적으로 중요한 발견을 하지 못했다. 이후에 블랙번은 자신의 연구가 어떤 의학적 목표를 가지고 한 것이 아니라 단순히 호기심 때문에 진행한 것이라고 설명했다. 블랙번은 이렇게 말한다. "그냥 아주 멋진 미스터리와 같았습니다. 어떤 사람들은 은하계의 저 끝에 무엇이 있는지 알고 싶어합니다. 저도 단순히 탐험을 통해 거기에 무엇이 있는지 알고 싶었습니다."

인간세포에서 개념증명 실험을 실행하거나 혹은 텔로머라아제의 역할을 규명하는 것은 인간 버전의 효소를 발견하기 전에는 불가능했다. 그리고 테트라히메나 버전보다 인간 버전을 발견하는 것이 훨씬 더 어려웠다. 그 발견은 나의 경력에 있어 중요한 분수령이 되었다. 1993년부터 1997년까지 나는 브라이언트 빌퐁토(*Bryant Villeponteau*), 준리 펭(*Junli Feng*), 월터 펑크(*Walter Funk*)를 비롯한 연구진을 이끌며 인간 텔로머라아제의 *RNA* 성분을 성공적으로 발견했다.[10] 이후에는 그레그 모린(*Greg Morin*), 스콧 바인리히(*Scott Weinrich*)와 함께 연구하여 단백질 성분을 발견했다.[11] 그 후에는 이 단백질 성분을 이용해서 테트라히메나 자체에서 텔로머라아제의 단백질 성분을 발견했다.

이 발견은 이후에 텔로미어 생물학 연구를 폭발적으로 증가시키는 기폭제가 되었다. 1994년 이전에는 텔로미어와 텔로머라아제 관련 연구가 일 년에 기껏해야 한두 편 발표되는 정도였다. 그러나 이후 2000년까지는 텔로미어를 주제로 전문가 심사를 거친 논문이 매년 500편 넘게 발표되었다. 현재는 매년 1,000편이 넘는 논문이 발표된다.

인간의 노화과정에 관한 지식은 빠른 속도로 팽창하고 있다. 나의 일생의 목표는 텔로머라아제의 발현을 조절하여 텔로미어의 길이를 조절하고, 따라서 노화의 통제라는 '결승선'을 통과하는 것이다. 그러나 내가 실패하더라도 다른 누군가가 이 목표를 달성하는 것은 이제 시간문제이다. 텔로미어 생물학에 관한 연구는 이제 안정된 속도로 진행되고 있으며, 최종적으로 노화 치유는 필연적인 결과이다.

그러나 현재 살아있는 우리들, 특히 지금 60대, 70대, 80대들은 죽기 전에 그 결과를 목격할지 확신할 수 없다. 재정 부족이 심각한 문제이다. 다수의 초기단계 연구들은 정부의 재정지원이 있어야 순조롭게 시작할 수 있다. 70년대와 80년대에 정부의 재정지원이 없었다면 1990년대에 인터넷이 폭발적으로 성장하지 못했을 것이다. 현재는 텔로미어 연구(또는 항노화 연구 전반)에 대한 정부지원이 거의 전무한 실정이다. 정부에 대한 로비활동이 이루어지지 않으면 민간 자금을 이용해서 노화 문제를 해결해야 할 것이다.

텔로미어 길이 치료

텔로머라아제의 효과를 고려했을 때, 노화과정을 역전시키고 수명을 증가시키는 보충제로 사용할 수 있지 않을까? 불행하게도 텔로머라아제를 그렇게 사용하는 것은 불가능하다. 인간의 소화작용에서 살아남지 못하고, 소화된 텔로머라아제는 혈류로 들어가지 않기 때문이다. 혈류로 직접 전달한다고 해도 세포막을 침투할 수도, 침투하지도 않는다. 단일세포 내에서 생성되고, 사용되고, 소비되는 것이 전부이다.

텔로머라아제 성분이 포함되어 있다고 주장하는 보충제는 믿으면 안 된다. 광고대로 보충제에 텔로머라아제 성분이 있기는 하지만, 성인 줄기세포를 포함하는 모든 동물조직에 소량의 텔로머라아제가 포함되어 있기 때문에 보충제를 먹는 것은 스테이크를 먹는 것과 별 차이가 없다.

따라서 텔로머라아제 보충제는 더 이상 고려할 가치가 없다. 그렇다면 텔로머라아제 유전자를 세포 전체에 삽입해서 수명을 연장시킬 수는 없을까?

이 전략도 지금으로서는 불가능하다. 바이러스 벡터를 통해 DNA에 직접 유전자를 삽입하는 방식은 종종 암을 유발한다. 유전자가 염색체상에 삽입되는 부위가 무작위로 정해지는데, 잘못된 부위가 선택될 경우에는 이 유전자가 암억제 유전자를 방해해서 제 기능을 못하게 하거나 암유발 유전자를 활성화할 수도 있기 때문이다.

다행스러운 점은 텔로머라아제 유전자를 세포에 일부러 삽입할 필요가 없다는 것이다. 텔로머라아제 유전자는 이미 세포 내에 존재한다. 우리 몸의 모든 세포는 동일한 DNA를 가지고 있기 때문이다. 피부세포, 근육세포, 간세포 모두 동일한 유전정보를 지니고 있다. 따라서 정자와 난자세포를 만드는 세포가 텔로머라아제의 코드를 지니고 있다면, 다른 모든 세포도 동일한 코드를 지니고 있다.

대부분의 세포에서 텔로머라아제가 발현되지 않는 이유는 세포 내에서 해당 유전자가 억제되어 있기 때문이다. 텔로머라아제 유전자와 인접한 *DNA* 영역 중에는 단백질에 대한 결합부위 역할을 하는 영역이 한두 군데 있는데, 억제 단백이 이 부위와 결합하면 해당 세포에서는 텔로머라아제가 만들어지지 않는다.

그러나 이 억제 단백과 결합하는 소분자 화합물을 사용하면 억제 단백이 *DNA*에 부착되는 것을 막을 수 있다. 적절한 화합물만 찾는다면 인체 내의 모든 세포에서 텔로머라아제를 활성화하여 아무런 오류 없이 무제한으로 세포분열을 일으킬 수 있다.

적어도 시험관 내에서 텔로머라아제의 발현을 유도하는 화합물이 아주 최근에 발견되었다. 시험관 내(*In vitro*)에서라는 말은 인체 외부, 주로 시험관이나 '유리용기' 내에서 실행된 모든 실험을 가리킨다. 이 경우에는 페트리 접시에서 배양한 세포를 사용해서 실험이 실행되었다. 이 화합물의 생체 내(*in vivo*) 작용을 확실히 입증하기 위해서는 아직 더 많은 시간이

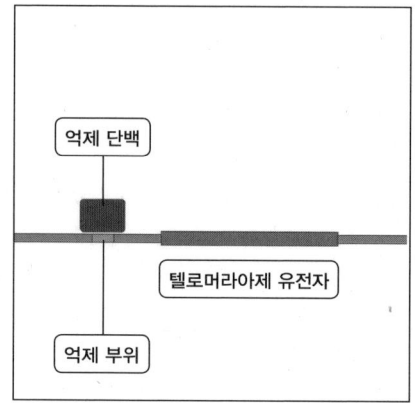 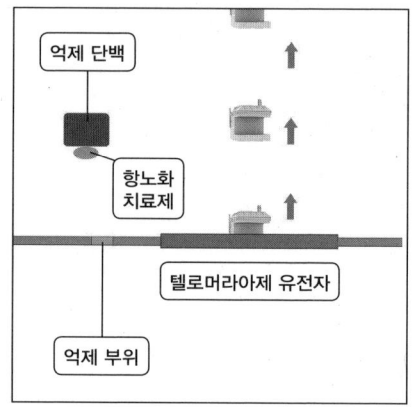

필요하다.

시험관 내에서 약한 텔로머라아제 유도 효과가 있다고 확신할 수 있는 화합물은 두 가지가 있다. 그중 하나는 TA-65라는 기능성 식품으로, 제론 사가 발견하고 TA 사이언스(*TA Sciences*)의 이름으로 허가를 받았다. 다른 하나는 *Product B*라는 기능성 식품인데, 시에라사이언스(*Sierra Sciences*)에 있는 나의 연구실과 드림 마스터 연구소(*Dream Master Laboratories*)가 공동으로 개발하였으며, 아이제닉스(*Isagenix*)가 판매를 담당하고 있다. 이들 기능성 식품은 화학적 텔로머라아제 유도제보다는 훨씬 약하지만, *FDA* 승인이 없어도 대중들이 바로 접할 수 있다는 장점이 있다.

시에라사이언스는 로봇기술을 이용하여 처리율이 높은 약물 선별작업를 통해, 정상세포에서 텔로머라아제의 발현을 유도하는 39가지의 약물군 중에서 900개가 넘는 화합물을 발견했다. 그중 250,000개에 대해 무작위 선별작업을 거쳐서, 일부 죽지 않는 세포주에서 발견되는 텔로머라아제 발현 수준의 약 6%를 유도할 수 있는 화학물질을 발견했다. 이렇게 무작위로 얻은 정보를 바탕으로 우리는 몇 달 안에 몇 가지의 새로운 화학물질을 고안했는데, 그중 하나는 거의 3배에 가까운 16%의 유도 효과를 보였다.

그러나 아직 완벽한 약물은 발견되지 않았다. 지금까지 발견된 화합물 중에서 노화를 멈추게 하거나 역전시킬 정도로 많은 양의 텔로머라아제를 유도할 수 있는 화합물은 없다. 우리가 발견한 16%를 유도하는 화합물이 지금까지 발견된 것 중에서 가장 강력한 수준이지만, 노화의 시계를 되돌리기에는 적합하지 않다. 게다가 발견된 합성 화합물 중 상당수가 세포배양에서 약간의 독성을 보여 인간이 섭취하기에는 안전하지 않을 수 있다.

더욱 강력한 약물을 찾기 위해서는 더 많은 선별작업과 연구가 필요하다. 이 과정이 얼마나 빨리 진행될지는 전적으로 연구 프로젝트에 대한 재정지원의 수준에 달려 있다. 경제위기가 오기 전에는 1년 안에 강력한 텔로머라아제 유도제를 찾을 수 있을 것으로 예상했지만, 현재와 같은 지원 수준으로는 더 많은 시간이 걸릴 것으로 보인다.

왜 약한 텔로머라아제 활성제를 사용하는가?

앞서 지금까지 발견된 가장 강력한 화합물이 특정 불멸 세포주(특히 헬라(*HeLa*) 세포주는 상당히 흥미로운 역사를 가지고 있으며, 레베카 스클루트(*Rebecca Skloot*)의 최신 베스트셀러『헨리에타 랙스의 불멸의 삶』의 주제이기도 하다)에서 텔로머라아제를 16%까지 유도한다고 설명했다. 또한 현재 시장에 출시된 기능성 식품이 그보다 효과가 약하다는(즉, 16% 미만) 점도 언급했다. 반대 근거가 없는 한, 점수가 100%인 약물은 노화 진행을 중단시킬 것이고, 점수가 100%를 초과하는 약물은 노화를 역전시킬 것으로 예상된다. 실제로 지난 2010년, 론 데피노(*Ron DePinho*) 박사는 마우스 모델을 이용하여 충분한 텔로머라아제 유도로 노화 역전을 일으킬 수 있다는 사실을 입증한 바 있다. 이와 관련해서는 5장에서 더욱 자세히 다루도록 하겠다.

일각에서는 시중에 판매되고 있는 기능성 식품의 강도가 상대적으로 낮기 때문에 노화진행 속도를 몇 퍼센트 낮추지 못할 것이며, 그에 따라 수명연장 효과도 미미할 것이라는 우려를 제기하고 있다.

그러나 개인적으로는 미미한 효과만으로도 여전히 좋은 결과라고 생각한다. 단지 몇 퍼센트에 불과하더라도 수명을 연장시켜주고 노화에 따른 쇠퇴를 몇 주만이라도 지연시켜 주는 보충제가 있다면 나는 한순간도 망설이지 않을 것이다. 결국 시간만이 유일하게 전 세계에서 통용되는 가치가 아닌가? 죽을 때 돈을 가지고 갈 것도 아니면서 그 돈을 왜 삶을 연장하는 데 쓰지 않는가?

그러나 다행히도 약한 텔로머라아제 활성화는 이보다 더 많은 역할을 한다. 텔로머라아제의 특성 중 하나는 이 효소가 짧은 텔로미어를 우선적으로 연장시킨다는 점이다. 세포가 소량의 텔로머라아제를 생성하면, 이 효소는 세포 내에서 긴 텔로미어를 지나쳐 길이가 가장 짧은 텔로미어를 찾아내어 연장시킨다.

따라서 짧은 텔로미어의 개체수를 측정하는 분석이 평균

텔로미어 길이를 측정하는 분석보다 결과적으로 훨씬 유익할 것이다. 평균 텔로미어 길이를 측정하는 것은 생물학적 노화에 대한 그림(흐릿한 그림)을 제시하지만, 임계치 이상으로 단축된 텔로미어의 비율을 측정하는 것은 노화로 인한 쇠퇴가 시작되기 전까지 얼마만큼의 시간이 걸릴지에 대한 훨씬 정확한 정보를 제공한다.

더 중요한 사실은, 약한 텔로머라아제 활성제가 텔로미어의 평균 길이를 증가시킬 수는 없지만 임계치에 도달하기까지의 시간을 연기시켜준다는 점이다. 텔로머라아제는 그 시간 동안 가장 짧은 텔로미어를 찾아 우선적으로 길이를 연장시켜 노화에 따른 쇠퇴를 일시적으로 경감시킨다.

인체를 녹이 슨 거대한 기계에 비유해보자. 녹은 예측 가능한 시간 안에 기계를 손상시켜 고장낼 것이다. 텔로머라아제 활성제는 녹을 역전시킬 수 있는 최첨단 에어로졸 스프레이다. 인체는 필요한 순간마다 이 스프레이를 사용할 수 있다. 가장 녹이 많이 스는 기어나 빔과 같이 가장 훼손이 많이 되어 복구가 필요한 부분에 스프레이를 도포하면, 기계는 더 잘 작동할 것이다.

그러나 이 스프레이는 전체 시스템을 무한정으로 유지시킬 수 없다. 작은 스프레이 캔으로는 녹을 빠르게 제거할 수 없다. 결국 기계는 녹으로 뒤덮여 고장이 나게 된다. 이 스프레이는 가장 손상이 심한 시스템을 선별할 수는 있으나, 그 시스템을 영구하게 효과적으로 작동하게 하지는 못한다.

이러한 이유 때문에 이 기능성 식품에 대한 그동안의 수많은 결과가 단지 일화적인(anecdotal) 보고에 불과했던 것이라고 생각된다. 텔로머라아제를 약하게 유도할 때, 인체 세포는 가장 짧은 텔로미어가 무엇인지를 인지함은 물론, 그곳이 바로 텔로머라아제의 목적지라는 사실도 알고 있다. 그렇기 때문에 건강이 개선되었다는 보고가 들려오는 것이다. 건강 개선과 관련된 이와 같은 수많은 사용자들의 결과는 위약효과만으로는 설명하기가 어려울 것이다. 많은 사용자들이 머리카락이 굵고 검어지며, 시력이 개선되고, 활력과 원기가 회복되었다고 보고하고 있다. 나 역시도 이러한 효과를 경험했다. 나는 정기적으로 160킬로미터를 넘게 달리는 울트라 마라톤 주자인데, 지금까지의 최고 기록들은 모두 기능성 텔로머라아제 유도제를 복용한 후에 갱신한 것이다.

그러나 이러한 기능성 식품을 노화에 대한 구제책으로서 과장하고 싶지는 않다. '녹을 축적되는 속도만큼 빠르게 제거할 수 있는' 무언가를 발견하기 전까지 노화과정을 완전히 중단시키는 것은 불가능하다. 그렇기 때문에 나는 목숨을 걸고 강력한 텔로머라아제 유도제를 찾아내려고 하는 것이다.

그 밖에 텔로미어를 길게 유지하기 위해 할 수 있는 일은 무엇인가?

앞서 언급한 텔로미어 길이 측정은 머지않아 연례 건강검진에서 표준 혈액패널 검사의 일부로 편입될 것이다. 사람들은 나에게 이렇게 묻기도 한다. "왜 그럴 것이라고 생각하나요? 텔로미어가 단축되는 것이 *DNA* 복제의 자연스러운 부분이라면 이런 검사가 무슨 이득이 있을까요?" 물론 체중 변화를 위해 노력할 수 있는 일이 거의 없다면 체중계에 올라설 필요조차도 없을 것이다.

하지만 텔로미어 단축은 절대 부동적이거나 불가피한 과정이 아니다. 단순히 주변을 관찰하는 것만으로도 이를 증명할 수 있다. 우리는 그 누구도 모든 인간의 노화를 중단시키는 방법을 알지 못한다는 사실을 알 수 있다. 현실에서 이십대라고 해도 쉽게 믿을 수 있을 정도로 젊어 보이는 오십대는 없다. 그러나 반대로 노화가 빠르게 가속화되어 실제론 사십대임에도 불구하고 육십대로 보이는 사람은 있다.

이러한 관찰로부터 노화에 두 가지 유형이 있다는 가설을 유도할 수 있다. 실제로 실험과학은 이 가설을 반복적으로 입증해왔다. 텔로미어 단축에는 두 가지 기전이 있다. 첫 번째는 앞서 기술한 '기본적인 텔로미어의 단축'으로, 이는 세포가 복제노화 단계에 들어가기 전 거치는 분열의 횟수가 제한되어 진행되는 노화이다.

기본적인 텔로미어 단축은 출생 시 인간의 이론적 수명을 결정한다. 이는 자동차 사고로 사망하거나 알코올 중독이 될 확률, 혹은 다른 잠재적인 조기사망 원인으로 사망할 확률을 고려한 기대수명이 아니다. 이론적 수명은 유기체가 제 기능을 완전히 수행하면서 생존할 수 있는 햇수이다. 이론적 수명의 관점에서 사망은 환경이나 주변상황이 아닌 정상적인 생물학적 상태에 의해 유발된다.

수학자들은 통계모델에 기반하여 인간의 이론적 최대수명을 125년으로 보고 있다. 이러한 최댓값을 가지게 된 주요 기반은 헤이플릭 한계에 있다. 잔 칼망(*Jeanne Calment*)이 122

세까지 살기는 했으나, 아직까지 이론적인 최대수명에 도달한 이는 없었다.

모든 사람의 이론적 최대수명이 125년은 아닐 것이다. 125세는 상한치이며, 우리는 모두 각기 다른 유전적 특성을 지니고 있다. 그러나 오늘날 인간의 최대수명은 약 80세인 기대수명(life expectancy)보다는 훨씬 길다.

그렇다면 기대수명과 실제 수명 간 45년의 차이는 어떻게 설명할 수 있을까? 이러한 차이 중 일부는 우발적 사망에 의한 것이지만, 대다수는 텔로미어 단축을 가속화시켜 조기 노화를 야기하는 생활방식의 선택에 의한 것이다.[12] 비유를 하자면, 노화는 '벽돌공'이 벽을 완벽하게 쌓지 못해서 진행되는 것이 아니다. 간혹 환경적 요인이 이 벽의 가장자리를 직접 파괴하기도 한다.

이것은 '기본적인 텔로미어 단축'이 아니라, '가속화된 텔로미어 단축'이다. 전자는 수명을 결정하는 반면, 후자는 기대수명을 결정한다.

가속화된 텔로미어 단축의 주요 원인 중 가장 명백한 원인 중 하나는 흡연으로, 이는 연구를 통해서도 입증되었다. 흡연 습관이 노화를 유의하게 가속화시킨다는 사실은 수많은 연구를 통해 확립 및 검증된 결과이다.

  흡연을 할 경우 독이 폐로 직접 유입되기 때문에, 흡연이 폐암 및 다른 폐 질환의 위험을 증가시킬 것이라는 점은 쉽게 알 수 있다. 그러나 연구에서 입증된 바에 따르면, 흡연은 다른 여러 질병의 위험도 증가시킨다. 예를 들어, 담배연기는 절대 뼈에 도달하지 않을 것으로 예상되지만 흡연은 뼈에 침범하는 질환인 골다공증과 골관절염을 유발할 수 있다. 뿐만 아니라 흡연은 상처치유도 지연시키는 것으로 나타났다.

  수년간 과학계에서는 이러한 현상이 담배연기에 신체의 모든 체계를 공격하는 유리기가 함유되어 있기 때문이라고 설명했다. 이 이론은 하버드 의과대학의 론 데피노 박사가 유리기에 대한 인체 반응이 텔로미어 길이에 의해 결정되는 경향이 있다고 발표한 이후로[13] 더욱 정교하게 다듬어지고 있다. 데피노 박사의 말을 빌리자면, 인간의 노화가 악당 무리라면, 텔로미어 단축은 그 조직의 '우두머리'라는 것이다.

  대부분의 과학자들이 담배연기로 인한 손상의 '유일한 원인은 유리기'라는 이론에 동의할 당시, 공익광고에서는 담배가 사람을 '늙어 보이게' 한다고 주장했다. 과학자들은 담배 내 독소가 피하 모세혈관에 침투하여 주름을 형성한다고 생각했다. 그러나 텔로미어 연구는 이러한 경고가 실제보다 축소되었다는 점을 명백하게 드러낸다. 담배는 사람을 늙어 보이게 하는 것이 아니라, 실제로 늙게 한다.[14 15]

담배 내 유리기는 *DNA*를 직접 공격한다. 유리기는 *DNA*의 노출된 부분인 텔로미어를 염색체로부터 직접 절단하는 것으로 밝혀졌다. 그러나 문제는 여기서 끝이 아니다. 텔로미어 단축은 미토콘드리아 기능 이상을 유발하여 미토콘드리아의 유리기 생성을 증가시켜 결국은 악순환을 초래한다. 담배는 노화와 조직 손상을 유발할 뿐만 아니라, 인체가 노화 진행과 조직 손상을 촉진하도록 자극하는 피드백 회로(*feedback loop*)를 가동시킨다.

텔로미어 연장은 이러한 과정을 해소하는 데 도움이 될 것이다. 나아가 이론적으로 흡연에 의해 유발된 모든 손상을 복구하여 흡연을 하지 않았던 것보다도 건강한 상태로 되돌릴 수 있다. 이 이론은 아직 입증되지 않았으나, 여러 연구에 의해 뒷받침되고 있으며 아직까지 이에 대해 이의를 제기하는 연구도 발표된 바가 없다.

전문가 평가 연구에서는 금연 외에도 건강한 생활방식이 가속화된 텔로미어 단축을 완화시킬 수 있다고 제시한다. 이들 연구에서는 장기적으로 주시해야 할 텔로미어의 요소가 있다는 사실을 입증했다. 오래전부터 장수 및 건강과 관련된 것으로 알려진 행동들은 대부분 가속화된 텔로미어 단축을 경감시키는 것으로 나타났다.

다음은 여러 연구에서 발견된 텔로미어 길이를 연장시킬 수 있는 방법이다.

권고사항

- 비타민 $D3$ 섭취
- 오메가-3 지방산 섭취
- 비타민 C, 비타민 E와 같은 항산화제 섭취
- 스트레스 감소와 규칙적인 명상
- 고강도 운동

주의사항

- 흡연
- 좌식생활
- 우울증 방치
- 체중을 조절하지 않음

- 비관적인 관점

명상이나 스트레스, 기분이라는 말은 경성과학(hard science)이라기보다는 전인적 치료(holistic therapy)에 가깝게 들리지만, 그 적절성은 이미 연구를 통해 입증되었다. 정신적 스트레스는 산화 스트레스의 원인으로, 중간 정도 수준을 유지하는 것이 중요하다. 우리가 쾌적하고 편안한 기분을 느끼지 않을 때마다 전신이 스트레스와 가속화된 텔로미어 단축에 취약해진다.

물론 장수를 위해 업무나 스트레스를 피해야 한다는 것은 아니다. 지루함 자체도 스트레스의 일종으로, 활동량이 너무 적다고 생각하는 것에 대한 뇌의 불안반응이다. 아무런 활동을 하지 않는 기간 동안 편안함보다 지루함을 느낀다면, 이론적으로 조금 더 많은 스트레스가 필요할 것이다.

일반적으로 대중들은(심지어 일부 의사들까지도) 각자 개인에게 맞는 수준의 운동량(하루 30분가량)이 있으며, 그 수준에서 벗어날 경우 오히려 해가 될 것이라고 생각한다. 그러나 텔로미어 길이의 맥락에서 운동과학을 면밀하게 연구해본 바, 나는 운동은 많이 하는 것이 더 좋다는 결론을 내렸다. 지구성

운동을 더 많이 할수록 가속화된 텔로미어 단축을 늦출 수 있다. 2013년 7월 《PLoS one》에 발표된 최신 연구에서는 "장기적인 울트라 지구성(ultra-endurance) 유산소 운동이 연령이나 전통적인 심혈관 위험 지표와 관계없이 텔로미어 길이의 소모를 약화시켜 세포노화를 늦춘다"는 사실을 재차 검증했다.

나는 수년간 나만의 장수 계획에 이러한 종류의 운동을 포함시켜 왔다. 10살 때 처음 1킬로미터 경주에 참가한 이래로 지금까지 계속해서 마라톤을 하고 있다. 지금은 매년 5000킬로미터 정도를 훈련으로 뛰고 있으며, 마라톤 경주에 참가해서는 1200킬로미터 정도를 뛰고 있다. 17년간 울트라 마라톤을 하면서 대략 8만 킬로미터, 즉 적도를 따라 잰 지구 둘레의 두 바퀴 정도를 뛰었다. 울트라 마라톤에는 매우 많은 시간이 소요되지만, 건강보다 중요한 것은 없기에 나는 아직까지 마라톤을 한다. 또한 울트라 마라톤은 정신을 집중하게 해주어 연구실에서 시간을 보내는 것보다 생산성을 높여주었다.

제4장

노화 치유의
맨해튼 프로젝트

앞서 언급했듯이, 나는 인간 텔로머라아제를 발견한 제론 사의 분자생물학팀 디렉터로 근무했다. 텔로머라아제를 발견한 후, 우리는 세포주를 불멸화하여 헤이플릭 한계를 초과시킬 수 있는지에 대한 개념증명 실험을 수행했다. 제론 사에서는 이 발견을 어떠한 방향으로 진전시켜 나갈지에 대한 재무의사를 결정해야 했다. 이 발견에 대한 매우 전도유망한 두 가지 선택권이 제시되었다. 텔로머라아제를 유도하여 노화방지제를 개발하거나, 텔로머라아제를 억제하여 암 치료제를 개발하는 것이었다.

제론에서는 재정적으로 더 안정된 경로인 암 치료제를 선택하기로 결정했다. 암 치료 시장은 수십억 달러 규모로, 공공 부문과 정부의 지원이 보장되어 있다. 반면 노화는 *FDA*에서 질병으로 간주하지 않는다. *FDA* 규제에 노화방지제를 포함시키는 과정은 쉽지 않을뿐더러, 많은 불확실성이 따른다. 노화방지제를 승인 받는 것은 매우 복잡하고 까다로운 장기전이 될 것이다. 회사 운영방침을 음해하는 보도에 대한 의회 청문회, 정치적 분쟁, 권위자의 비평 등도 따를 것이다.

제론의 선택은 인도주의적인 관점에서도 이해가 가능한 선택이었다. 암은 널리 만연되어 있는 무서운 질병으로, 사랑하는 사람들이 이로 인해 고통 받고 있다. 세계 각지에 수천 개의 연구소가 각기 다른 관점에서 암 문제를 해결하기 위해 노력하고 있다. 과학자들은 암을 해결하기 위해 고군분투하고 있다. 그러나 내 꿈은 노화를 치유하는 것이었다. 노화 치유에 주력하고 있는 연구소는 소수에 불과하며, 1999년 제론에서 퇴사할 당시에는 더 적었다.

오늘날 우리는 제론의 잘못된 선택의 결과에 직면해 있다. 텔로미어 연장은 암과의 투쟁에서 가장 가능성이 있는 전략 중 하나로 판명되었다. 물론 그때는 이 사실을 알지 못했지만, 만약 노화 연구를 택했다면 우리는 노화를 치유하면서 암 치료제를 개발하는 두 마리 토끼를 잡을 수 있었을 것이다. 노화와 암의 상관관계는 조금 후 더 심도 있게 논의하도록 하겠다.

제론을 떠난 후, 나는 네바다 주 리노(Reno)에서 텔로미어 단축의 역전에만 집중하기 위해 회사를 설립했다. 리노는 그야말로 이상적인 장소였다. 주거비용이 저렴하고 교통체증도 없었으며, 도보로 출퇴근이 가능했다. 뿐만 아니라 국제공항 바로 옆에서 사업을 시작할 수 있었다. 내 꿈은 마음이 맞는 과학자들과 함께 밤낮으로 이 문제에 열중하는 노화계의 '맨해튼 프로젝트(Manhattan Project)'를 실행하는 것이었다. 나는 텔로머라아제의 활성화와 텔로미어 길이 유지 치료제를 개발하는 데에만 집중하기 위해 욘더 테크놀로지스(Yonder Technologies)와 합병하여 곧 시에라사이언스(Sierra Sciences)라는 새로운 이름으로 출사표를 던졌다.

연구팀은 신속하게 형성되었다. 초기에 고용한 과학자들 중 대부분은 10년 이상 시에라사이언스에서 함께 일했다. 로라 브릭스(Laura Briggs) 박사, 하미드 모하매드푸어(Hamid Mohammadpour) 박사, 랜서 브라운(Lancer Brown), 오랜 시간 함께 연구해온 페데리코 가에타(Federico Gaeta) 박사, 브라이언트 빌퐁토 박사, 미에텍 피아티스제크(Mietek Piatyszek) 박사 등 많은 최고 과학자들이 아직까지 함께 일하고 있다.

　우리는 텔로머라아제가 대부분의 세포에서 비활성화되어 있으며, 텔로머라아제 유전자가 모든 세포에 존재한다는 사실을 알고 있었다. 이를 기반으로 도출할 수 있는 유일한 가설은 텔로머라아제가 억제자 부위에 결합하는 한 가지 이상의 단백질에 의해 억제된다는 것이다. 우리는 이를 염두에 두고 억제자 부위와 그 부위에 결합하는 단백질을 찾아 특성을 규명하였다. 이 단백질의 특성을 밝혀낸 후, 우리는 단백질 구조 정보를 이용해 이 단백질을 *DNA*에서 분리해내어 세포의 텔로머라아제 생성을 재가동시키는 화학물질을 생성했다.

　초반 2년간은 텔로머라아제 유전자의 발현을 조절하는 유전자 영역인 텔로머라아제 촉진자의 특성을 규명하는 작업을 했다. 우리는 하나의 중요한 억제자 결합부위에서 염기서열을 검토하고 각각의 염기쌍을 세 가지 다른 염기쌍 중 하나로 변형시켜 텔로머라아제 활동에 미치는 영향을 조사했다.

　다음으로 텔로머라아제 생성을 차단하는 결합 단백질을 발견하기 위한 연구에 착수했는데, 이는 훨씬 어려운 과정이었다. 2005년, 억제자로 추정되는 단백질이 발견되면서 우리는 노화 치유의 정점에 서 있는 것과 같은 기분을 맛보았다. 이 단백질에 결합하는 화학물질은 노화를 멈추게 하는 치료제가 될 것이다. 그러나 이 단백질을 제거했을 때 텔로머라아제는 활성화되지 않았고, 연구는 막다른 길로 들어서게 되었다.

우리가 최초로 경험한 좌절이었다. 하지만 그 시간들은 결코 헛되지 않았다. 우리는 이 실험을 통해 풍부한 경험을 축적하게 되었다. 우리는 억제자 단백질을 발견하는 것이 필시 잘못된 전략이었을 것이라고 판단했다. 그 과정은 너무나도 길며 재정적으로도 실현 가능성이 없었다. 하지만 우리는 특정 억제자 단백질에 대해 확실한 결론을 내리지 못했던 것에 대해 낙담하지 않았다. 지금까지 전 세계 그 어느 누구도 이 단백질을 성공적으로 발견하지 못했으니 말이다.

우리는 그 정보가 반드시 필요한 것이 아니라는 사실을 깨닫기 시작했다. 텔로미어 생물학에 대한 모든 의문에 답할 필요는 없었다. 우리에게 필요했던 것은 단지 텔로미어 단축을 중단시키는 방법이었다. 이렇게 우리는 다른 관점에서 이 문제에 접근하기 시작했다.

플랜 B: 고속대량 선별검사

텔로머라아제 발현기전을 자물쇠라고 생각해보자. 시에라사이언스의 목적은 인체의 자연적인 발현 시스템과 동일한 자물쇠를 열 수 있는 복제열쇠를 만들어내는 것이다. 본래 계획은 이 자물쇠의 기전을 조사하여 그 형태를 파악한 후 열쇠를 만드는 것이었다. 그러나 자물쇠의 기전에 대한 명확한 그림은 얻을 수 없었다. 이에 우리는 수십만 개의 화학 화합물(즉, '열쇠')을 설계하여 어떤 것이 맞는지를 확인하는 새로운 전략을 개발했다. 열쇠가 완벽하게 들어맞지 않더라도, 혹은 열쇠가 자물쇠 안에서 움직이기만 해도 열쇠의 모양에 기반해 대략적인 자물쇠의 형태를 만들어낼 수 있었다. 우리는 여기서부터 시작하여 완벽하게 들어맞을 때까지 열쇠를 변형해나가면 되었다.

당시 열쇠가 제대로 작동하는지를 확인할 수 있는 유일한 방법으로 알려진 텔로머라아제 활성도 분석은 많은 비용과 시간이 소요되었다. 수십만 개의 화학 화합물을 검사하기 위해서는 막대한 시간과 돈이 필요했기 때문에 우리는 당초 계획을 진행할 수 없었다. 화학 화합물 2,000개를 검사하는 데 수백만 달러가 필요했기 때문이다.

또 다른 주요 문제 중 하나는 양성 대조군(positive control)이 없다는 점이었다. 모든 분석에서 검사결과는 양성적으로 반응해야 하는 것에 대해서는 양성반응을, 그렇지 않아야 하는 것(일반적으로 검사 화학물질을 용해시키는 데 사용되는 용매)에 대해서는 음성반응을 나타내어야 한다. 그러나 텔로머라아제를 유도하는 것으로 알려진 화학물질이 없었기 때문에 우리는 양성 대조군 없이 분석을 진행해야 했으며, 따라서 이 분석이 위음성 결과를 보이는지는 알 수 없었다.

우리는 수많은 분석법을 개발했다. 어느 순간 우리에게는 특별 분석개발팀이 생겼다. 우리가 개발한 독창적인 선별기법 중 하나가 바로 'Mutant hTR' 분석이다. 우리는 이 기법으로 세포 내 텔로머라아제의 RNA 템플릿(template)을 유전적으로 조작해 파괴시켰고, 그 결과 세포들은 텔로머라아제 생성 시 이들을 사멸시킬 수 있는 상당량의 독성을 가진 변이를 만들어냈다. 우리는 이러한 화학물질이 독성 변이의 발현을 유발하기 위해 반드시 고유 텔로머라아제 유전자를 유도할 것이라는 추론 하에 정상세포를 사멸시키지 않고 돌연변이만 파괴하는 화학물질을 선별해냈다.

Mutant hTR 분석이 정확하게 작동하도록 하는 데 성공하지는 못했으나, Mutant hTR 선별기법은 향후 막대한 가치를 발휘할 것이라 기대된다. 암세포 내 텔로머라아제 RNA 템플릿을 우리가 조작한 독성 변이로 대체한다면, 이론적으로 암을 교란시켜 자가파괴를 유도할 수 있다. 지금 우리의 최우선적 연구목표는 노화를 중단시키는 것이지만 향후 암 치료에 대한 계획도 가지고 있다.

2007년 11월 6일, 시에라사이언스는 비약적인 성과를 거두었다. 우리는 분석에서 텔로머라아제를 특정 한계치 이상 유도하는 화학물질을 '히트(hit)'로 분류했다. 과거 여러 히트를 발견하기는 했으나 이를 검증하려고 할 때마다 실패했다. 그러던 어느 날, 연구 담당자 중 한 명이 두 손 가득 자료를 들고 사무실로 와서는 "드디어 텔로머라아제를 유도하는 열쇠를 찾았습니다!"라고 소리쳤다. 우리는 C0057684라고 라벨링된 이 화학물질을 검사했으며, 이로써 세계 최초로 중강도의 텔로머라아제 유도제를 발견하게 되었다. 이 화학물질의 명칭은 57,684번째로 검사된 화합물이라는 것을 의미한다.

우리는 파티를 열었다. 최고급 무알코올 샴페인을 사가지고 와서 30분 정도 서로의 등을 토닥이며 자축하다 다시 업무로 돌아가기는 했지만 말이다. 이 발견은 전례 없던 일이었기 때문에 우리는 이 발견이 불러올 성과를 기대하면서 연구를 계속해 나가기를 열망했다. 이 발견은 엄청난 성공의 기회이자 우리를 앞으로 나아가게 할 결정적인 사건이었다.

우리는 연구, DNA 분석, 독성 검사 등 $C0057684$에 대한 모든 실험을 실시했다. 시에라사이언스는 이 시기에 가장 많은 직원을 고용했다. 당시 고학위 과학자 6명이 인턴 10명의 도움을 받아 20명가량의 연구조교 및 연구 전문요원을 지휘했다. 또한 작업을 24시간 가동하기 위해 8명의 보조원을 추가로 고용했다. 10,000평방피트 규모의 연구소가 쉴 새 없이 바빴기 때문에 우리는 복도에서 서로 부딪치는 것을 막기 위해 모퉁이에 거울까지 설치해야 했다.

$C0057684$의 실험 결과는 흥미로웠으나 이 시기 우리가 거둔 가장 큰 성과는 정확하고 민감도 높으며 완벽하게 기계화된 고속대량 선별검사(*high-throughput screening*) 시스템을 개발한 것이었으며, 이 시스템을 갖추면서 양성 대조군이 마련되어 실험을 완벽하게 수행할 수 있었다. 이 시스템은 우리가 지금까지 개발한 지적재산 중 가장 가치 있는 것이라고 생각한다.

우리가 아는 한, 이 선별기법은 동일계열에서 현존하는 유일한 시스템이다. 이 시스템의 명칭(발음이 약간 어렵기는 하지만)은 '*hTERT RT-PCR HTS Assay*'이다. 우리는 이 새로운 도구를 이용하여 기존의 '무작위 대입' 방식으로는 4개월이 소요되는 선별작업을 하루 만에 완료할 수 있었다. 이후 몇 달간 우리는 계속해서 분석을 개선해갔다. 더 적은 샘플과 빠른 처리 속도에 처리량까지 배가시킨 이 새로운 전략은 선별 속도를 기하급수적으로 증가시켰다.

hTERT RT-PCR HTS 분석은 0~100점으로 구성된 텔로머라아제 유도 척도(*Telomerase Induction Scale*) 상에 히트를 순서대로 정렬시키는 방법이다. 0점은 화학물질이 텔로머라아제를 유도하지 않는다는 것을 의미하며, 100점은 화학물질이 세포를 효과적으로 불멸화하는 헬라(*HeLa*) 암세포가 생성될 정도로 많은 양의 텔로머라아제를 유도한다는 것을 의미한다. *C*0057684는 텔로머라아제 유도 척도에서 6점을 기록했다. *C*0057684가 노화를 역전시키는 완전한 화학물질은 아니지만, 지금까지 발견된 제품 중에서는 가장 효과적이다.

시에라사이언스가 창립된 1999년까지만 해도 많은 과학자들이 단일 화합물로는 텔로머라아제 유전자 발현을 활성화시킬 수 없다고 생각했다. 이 과학자들은 만일 그러한 화학 화합물이 존재한다면 사람들에 의해 자연스럽게 발견되었을 것이라고 추론했다. 즉, 인류학자들이 나이를 먹지 않는 신비의 원시부족을 발견하여 벌써 그 이유를 추론했을 것이라는 주장이었다.

이러한 회의론은 독자적인 실험실 세 곳(텍사스 사우스웨스턴 대학교의 우디 라이트(Woody Wright) 및 제리 샤이(Jerry Shay), 버클리연구소 생명과학부서의 주디 캠피시(Judy Campisi), 하와이 대학교의 리처드 올소프(Richard Allsopp)에서 C0057684가 텔로머라아제를 활성화시킬 수 있다는 사실이 확인되면서 상당 부분 극복되었다. 시에라사이언스에서 화학물질 샘플을 발송한 다른 실험실에서도 모두 동일한 결과를 보고해왔다. 이 화합물이 세포의 텔로머라아제 생성을 유도한다는 사실이 입증된 것이다. 회의론자들은 점차 신봉자로 바뀌기 시작했다.

2008년 우리 연구소에서는 중대한 진전을 이루어냈다. C0057684의 발견과 검증은 가히 획기적인 사건이었다. 우리는 이 화학물질이 머지않아 노화방지제로서 우리에게 큰 성공의 기회를 가져다줄지 기대했다. 우리는 무작위 화합물 선별검사를 진행하는 동안 의약화학을 최우선시했다. 본사의 화학자들은 분석에서 발견된 모든 양성 히트를 이용하여 가장 강력한 텔로머라아제 활성제의 화학구조 정보를 축적하면서 새로운 화합물의 설계에 대한 접근 범위를 좁혀나갔다.

머지않아 우리는 250,000개 이상의 화학물질에 대한 선별을 완료했다. 이 중 900개 이상이 텔로머라아제 유도제로 확인되었으나, 그중 대다수는 기능이 약했다. 우리는 이 화학물질들을 구조에 따라 39개의 계열로 나누었다. 텔로머라아제 유도에 관한 지식이 축적되면서 우리의 의약화학적 노력은 견고한 기반을 다져갔다. 우리는 첫 번째 양성 히트와 근접하게 매칭되는 화합물 426개를 합성했다. 그 노력의 결과로 $C0057684$보다 강력한 텔로머라아제 활성제가 탄생했다. 우리는 텔로머라아제 유도 척도에서 12점을 기록한 화학물질을 찾아내었으며, 이어 16점을 기록했지만 $C0057684$보다 세포독성이 높지 않은 화학물질을 발견하게 되었다. 우리는 지금까지 발견된 것 중 가장 우수한 텔로머라아제 유도제를 발견해냈으며, 몇 개월 만에 효과를 3배에 가까이 증가시킬 수 있었다.

선별검사와 의약화학 작업은 상호 간에 피드백 회로를 생성하여 우리의 노력을 새로운 수준으로 끌어올렸다. 노화 치유가 임박한 것 같았다. 시에라사이언스의 과학자들은 가장 최근의 선별검사 결과 배치(*batch*)가 더 높은 점수를 기록했는지 확인하기 위해 매일 이른 아침 연구소로 나왔다. 연구소는 문을 닫는 날이 거의 없었다. 일부 과학자들은 사람들이 일찍 연구소로 나와 중요한 작업을 마쳐야 안심이 된다는 이유로 새벽 4시까지 실험을 진행하기도 했다. 직원들은 주말과 휴일에도 업무를 자진했다. 진전은 꾸준하게 나타났으며, 간혹 놀랄 만큼 빠른 진척을 보이기도 했다. 특히 변호사들은 빈번한 지적재산권 신청 때문에 동분서주해야 했다. 우리의 계획은 2011년에 항노화제의 임상시험을 실시하는 것이었다.

그리고 2008년, 많은 이들이 뼈저리게 기억하고 있는 경제위기가 닥쳤다.

시에라사이언스의 핵심 투자자는 성공적인 첨단기술 사업가인 리처드 오퍼달(*Richard Offerdahl*)과 피에르루이지 자파코스타(*Pierluigi Zappacosta*)였다. 오퍼달은 자이캐드 사(*Zycad Corporation*)의 공동 설립자이자 디지 인터내셔널(*Digi International*)의 전직 이사였으며, 자파코스타는 로지텍(*Logitech International*)의 공동 설립자였다. 2008년 경제위기는 투자자들의 재정에도 심각한 영향을 미쳐 종전과 동일한 수준의 투자를 유지할 수 없게 되었다. 이로 인해 곧 선별검사와 의약화학 작업 속도가 느려지기 시작했다. 우리 회사를 전례 없는 성공으로 이끌었던 엄청난 발전은 속도가 더뎌지다 못해 중단될 지경이었다. 이 시기는 우리에게 고통스러운 좌절을 안겨주었다. 결승점이 눈앞에 보였지만 나아갈 방법이 없었다.

추가 자금을 지원받을 수 있는 투자자를 찾아 나서야 했다. 나는 마지못해 연구소 부사장에서 *CEO*로 승급한 후 회의 통화회로를 통해 전 세계 각지의 잠재적 투자자들을 상대로 프레젠테이션을 실시했다. 한편, 보조요원들도 연구소로 복귀하여 보조금을 신청하거나 과학 연구를 지속적으로 실시하는 등 회사의 발전을 위해 노력했다.

그러나 어디에서나 돈 가뭄이 심각했다. 2008년 경제위기가 닥치면서 모든 이들이 재산을 잃은 것 같았다. 돈이 있는 사람들은 저위험 부문에만 투자하고자 했다. 아마도 투자자들은 과학적 근거의 확실성이나 이익 분배의 중대성과는 관계없이 수명을 연장시켜주는 약물에 모험을 하는 것을 쉽사리 받아들일 수 없었을 것이다.

그러던 중 우리는 한 투자자를 추가로 유치하여 연구를 지속할 수 있게 되었다. 그러나 이전의 페이스를 찾지는 못했다.

투자금은 노화방지제의 임상연구를 시행하기에는 턱없이 부족했다. 나는 할 수 있는 모든 노력을 했다. 투자에 대한 의지와 역량이 모두 갖추어진 거물급 투자자가 필요했다. 설령 인간 노화 치유가 가능하다는 사실을 전 세계의 모든 투자자들에게 알려야 한다고 할지라도 나는 투자자들을 찾기 위해서라면 멈출 수 없었다.

제5장

노화를 치유할 수 있을까?

프로젝트에 시간, 돈, 자원을 투자하기 위해서는 예상된 결과가 나올 수 있다는 확신이 있어야 한다. 연구 진행에서 이러한 달성 가능성을 입증하기 위한 실험을 '개념증명(Proof of Concept)'이라 한다. 기술자들은 자동차를 제작하거나 교량을 건설하는 등 규모가 큰 작업을 시작하기 전 소규모 모형을 만들어 실현가능성을 검증한다. 이러한 검증과정은 최상의 계획을 결정하기 전 개념을 수정할 기회를 제공하기도 한다. 이 기술자들처럼 과학자들도 연구를 진행하기에 앞서 전체 이론 중 핵심 요소를 검증하여 응용과학의 프로토타입(prototype)을 설계한다. 개념증명 실험은 궁극적인 목적을 위해 거쳐야 하는 작은 단계이다. 이러한 개념증명 실험의 결과는 향후 연구의 기반이 될 수 있으며 기존의 이론을 수정하는 데 활용될 수도 있다.

텔로미어 복원과 텔로머라아제 유도의 길로 나아가는 데에는 이와 같은 여러 개의 작은 단계들이 포함되어 있으며, 이 단계들은 실제로 인간의 수명을 이론적인 최대수명인 125년 이상으로 연장시킬 수 있다는 가능성을 제시한다. 지금까지 수많은 연구자와 연구기관들이 인간 노화가 어떠한 작용을 하는지, 그 목적은 무엇인지, 그리고 통제가 가능한지에 대한 전체적인 그림을 그리는 데 기여했다.

텔로머라아제는 정상 인간 세포주를 불멸화할 수 있다

1998년, 인간 텔로머라아제를 발견한 지 얼마 되지 않아 제론 연구팀은 텔로머라아제 유전자를 정상 인간 세포주에 추가시켰다. 우리는 특정 상황에서 독자적으로 염색체로 통합될 수 있는 고리형 DNA인 플라스미드(plasmid)를 이용했다.

그 결과, 텔로머라아제를 인간 세포에 삽입했을 때 복제노화 단계에 들어가지 않아도 무한정으로 분열할 수 있는 세포주가 생성된다는 사실을 발견했다.[16] 뿐만 아니라 이 인간 세포주는 성장조절이 저하되거나 암으로 변형되는 징후를 전혀 보이지 않았다. 이는 정상적인 인간 세포주가 불멸화될 수 있음을 입증한 사건이었다.

그러나 플라스미드가 *DNA*로 독자적으로 삽입되는 것은 무작위적인 것이기 때문에 단순히 플라스미드를 이용해 *DNA*를 인간 세포에 삽입한다고 해서 텔로머라아제 유전자의 활성화 전략이 실현될 수 있는 것은 아니다. 이들 *DNA*는 간혹 다른 유전자의 중심부나 촉진자 또는 억제자에 삽입되어 세포사, 돌연변이, 암 등을 유발할 수 있다. 제론에서는 유전자를 수십만 개의 세포에만 삽입했지만, 이 기법을 인체 내 100조 개에 이르는 모든 세포에 적용하는 것은 치명적인 결과를 유발할 수 있다.

그러나 이 실험은 건강한 인간 세포를 헤이플릭 한계를 초과하도록 조작하여 무한정 분열시킬 수 있다는 가능성을 입증했다.

텔로미어 소실은 노화 증상을 유발한다

1999년, 마리아 블라스코(Maria Blasco)가 이끄는 다나파버 암 연구소(Dana Farber Cancer Institute)의 연구원들은 마우스에서 텔로머라아제 유전자를 제거했다. 이들 마우스에서 텔로머라아제의 발현과 노화는 인간에서와는 다른 기전으로 진행되었다. 통상적으로 마우스는 산화 스트레스의 결과로 노화가 진행된다고 한다. 이 연구팀에서는 텔로머라아제 유전자를 제거하여 인간과 더욱 흡사하게 노화가 진행되는 텔로머라아제 결핍 마우스를 생성했다.

이 마우스들을 6~7세대 동안 함께 교배시킨 후 각 세대에서 텔로미어를 각각의 부모세대보다 짧게 단축시켰을 때, 인간 노화의 전형적인 특징(백모화, 허약, 자발적 악성 종양, 상처치유력 감소)을 보이는 텔로미어가 짧은 마우스를 성공적으로 생성할 수 있었다.[17]

이 결과는 인간에서 나타나는 전형적인 노화 증상이 텔로미어 단축의 결과이며, 인간의 '자연적인 노화 과정'은 짧은 텔로미어에 기반하고 있다는 점을 명백하게 시사한다.

텔로머라아제는 노화된 피부를 젊게 되돌릴 수 있다

2000년, 제론에서는 텔로머라아제 기반 치료가 인간의 노화 과정을 예방하고 나아가 역전시킬 수 있음을 강력하게 시사하는 새로운 연구결과를 발표했다. 제론 연구팀은 인간 피부 세포를 노화 단계에 근접해질 때까지 배양하여 실제 노인 세포와 유사하게 텔로미어를 단축시켰다. 그 후 세포를 면역결핍 마우스의 등에 이식하고 인간 피부로 성장하게 했다. 예상대로 이 피부에서 피부 취약, 표피하 수포 형성과 같은 '노화된' 피부의 특징들이 나타났다. 피부는 육안으로 보아도 노인의 피부처럼 보였다.

연구팀은 다음으로 텔로머라아제 유전자를 노화된 피부 세포의 두 번째 배치(*batch*)에 삽입하고 25세대까지 배양한 후 (피부는 변형되지 않은 세포의 이론적 헤이플릭 한계를 초과했다), 배양된 인간 피부세포를 각기 다른 무리의 마우스에서 증식시켰다. 이후 젊은 피부와 노화된 피부, 그리고 인공적으로 텔로머화된(*telomerized*) 피부에 대한 *DNA* 어레이(*array*) 분석을 실시했다.

텔로머화된 피부는 젊은 피부와 외양이 유사했으며, 유전자 발현 프로파일도 동일했다. 모든 검사에서 피부세포의 텔로머화는 실제로 피부 자체의 노화를 역전시킨 것으로 확인되었다.[18]

제론에서는 노화된 세포를 젊게 되돌릴 수 있으며, 이러한 세포로부터 젊은 장기를 증식시킬 수 있다는 가능성을 입증했다. 그러나 살아 있는 동물체 내에서 노화된 장기가 젊은 장기로 변할 수 있다는 근거가 최초로 제시되기까지는 10년이 더 소요될 것이다.

텔로머라아제는 이론상
노화된 동물을 젊게 되돌릴 수 있다

현재 스페인 국립생명공학연구소(*CNIO*)에 재직 중인 마리아 블라스코는 텔로머라아제 결핍 마우스를 이용한 1999년도 연구를 추적 연구했다. 2001년, 그녀의 연구팀은 텔로미어가 심각하게 짧은 마우스와 정상적인 마우스를 교배시켜 텔로머라아제 유전자를 재도입했다. 그 결과, 자손 마우스에서 텔로미어 길이가 다시 길어진 것이 발견되었다. 자손 마우스는 텔로미어가 긴 염색체를 가지고 있었으며, 염색체 불안정이나 조기 노화를 보이지 않았다. 또한 이들 마우스는 젊고 건강했으며, 텔로머라아제 결핍 마우스에서 관찰되었던 조기 노화 증상도 관찰되지 않았다.[19]

이 실험에서는 어떤 마우스에도 다시 젊어지게 하는 처치를 하지 않았다. 이들 마우스의 건강 회복은 모든 세대에서 나타났다. 이 마우스들은 특수하게 변형되었기 때문에 젊고 건강한 자손을 생성할 수 없었으나, 텔로머라아제 유전자를 도입한 후 이러한 상태가 역전되었다. 즉, 이 실험결과는 텔로머라아제를 '노화된' 유기체에 도입하여 '젊은' 유기체로 되돌릴 수 있다는 의견을 지지하며, 나아가 텔로미어 생물학에 기반한 치료제가 살아 있는 포유동물의 노화과정을 역전시킬 수 있다는 점을 시사한다.

짧은 텔로미어는 고령으로 인한 사망을 야기한다

2003년, 유타 대학교 연구팀은 1982년에서 1986년 사이 60

세 이상의 헌혈자 143명을 대상으로 공여혈액 내의 텔로미어 길이를 측정하고, 텔로미어 길이와 이후 20년 동안의 사망률 간 상관관계를 조사했다. 연구 결과, 텔로미어 길이가 짧은 피험자의 사망률은 텔로미어가 긴 피험자의 2배에 이르는 것으로 나타났다. 또한 심장질환으로 인한 사망률은 텔로미어가 짧은 피험자에서 3배 이상 높았다.

이 연구는 텔로미어 단축과 인간의 고령으로 인한 사망 또는 노화 관련 질병 간의 상관관계에 대한 확실한 근거를 제시했다.[20] 이 연구결과는 실제로 고령으로 인한 질병의 발생이 생활연령보다는 텔로미어 길이와 더 깊은 관련이 있음을 제시하는 가장 강력한 근거이다.

텔로머라아제는 장기의 수명을 연장시킬 수 있다

2008년, 스페인 *CNIO*에서 야생 마우스의 10배 이상에 해당하는 텔로머라아제를 생성하도록 세포를 조작한 마우스의 연구결과를 발표했다. 마우스의 노화가 텔로미어 단축에 의해 진행되는 것이 아님에도 불구하고, 텔로머라아제가 과잉 발현되었을 때 이들 마우스는 정상적인 마우스와 비교해 수명이 평균 38% 증가했다. 건강과 체력도 모두 양호했다. 반면 대조군 마우스의 절반가량은 116~160주 경과 시에 보행능력이 저하되었다.[21] 그러나 텔로머라아제가 발현된 표본에서는 보행능력이 전혀 저하되지 않았다. 이 연구는 다세포 생물의 수명이 텔로미어 치료를 통해 연장된다는 사실을 최초로 보여주었다.

인간에서도 기능성 식품이나 약물을 통해 텔로머라아제 생성을 유도할 수 있다

2006년, 제론에서는 텔로머라아제 활성을 매우 약하게 유도하는 황기(黃芪, *Astragalus membranaceus*)에서 추출한 기능성 식품을 발견했다. TA사이언스는 이 기능성 식품을 허가받아 2007년 TA-65라는 이름으로 출시했다.

출시 후 3년 반이 지난 2010년 9월, 시에라사이언스, TA 사이언스, 제론, 피지오에이지(*PhysioAge*), CNIO에서 TA-65의 효과에 대한 공동연구 결과를 발표했다. 공동연구팀은 연구

초기와 비교해 *TA*-65를 복용한 후 텔로미어가 심각하게 짧은 면역세포의 수가 비례적으로 감소했다는 사실을 발견했다. 면역계의 조기 노화를 유도하고 기대수명을 유의하게 감소시키는 바이러스인 거대세포바이러스(*CMV*) 감염자에서는 면역계가 더 극적인 개선을 보였으며, 면역 노화의 바이오마커(*biomarker*)를 이용하여 확인했을 때 5~20년의 뚜렷한 '노화 역전' 효과가 있는 것으로 나타났다.[22]

앞서 말했듯이, 시에라사이언스는 텔로머라아제를 헬라(*HeLa*)의 16%(세포를 불멸화하기 위해 필요하다고 추정되는 수치)까지 유도하는 기능성 식품을 제조하고 있다. 또한 우리는 존 앤더슨(*John Anderson*) 및 아이사제닉스(*Isagenix*)과 합작하여 *Product B*를 론칭하였다. *Product B*를 복용하는 지원자를 대상으로 한 개방표지 연구가 현재 진행 중이나, 이 보충제의 효과에 대한 후기가 벌써부터 전해지고 있어 긍정적인 결과가 기대된다.

이전에는 성인 인간 세포에서 암 위험을 유의하게 증가시키는 유전자 치료에 의존하지 않고 텔로머라아제를 활성화시키는 것이 가능한지 여부가 불분명했다. 그러나 다행히도, 제품이 출시된 지 몇 년이나 지난 지금까지도 텔로머라아제를 유도하는 기능성 식품이 발암 확률을 높인다는 데이터는 보고되지 않았다. 아니, 암 위험은 오히려 감소했을 수도 있다.[23]

텔로미어 길이의 조절은 생물에서 노화를 역전시킬 수 있다

동물 모델을 이용한 실험은 가장 설득력 있는 치료제의 개념 증명 방법 중 하나이다. 텔로머라아제 결핍 마우스를 이용한 스페인 *CNIO*의 기초 실험에서 텔로머라아제는 세대에 걸쳐 노화를 역전시킬 수 있지만, 우리의 최대 관심사인 늙은 마우스를 젊게 되돌리지는 못하는 것으로 나타났다. 그러나 2010년 11월, 드디어 그동안 학수고대해왔던 결과가 보고되었다. 로널드 데피노 박사가 이끄는 하버드 의과대학 연구팀에서 살아 있는 동물에서 텔로머라아제 활성화와 텔로미어 연장이 마우스의 노화 증상을 역전시킨다는 사실을 최초로 입증한 것이다.

데피노 박사 연구팀은 4-하이드록시 타목시펜(4-*hydroxy-*

tamoxifen)으로 활성화되기 전까지 비활성 상태로 남아 있는 텔로머라아제 유전자를 고안해냈다. 연구팀은 마우스에서 텔로머라아제 유전자를 변형시킨 후 텔로미어가 과도하게 단축될 때까지 여러 세대 동안 교배시켰다. *CNIO* 연구에서와 동일하게 이들 마우스도 인간과 유사한 노화 증상을 보이기 시작했다.

다음으로 데피노 박사 연구팀은 4-하이드록시 타목시펜을 마우스에게 주입하여 세포 내 텔로머라아제를 활성화시켰다. 그 결과, 이들 마우스에서 텔로미어 길이가 심각하게 짧았던 세포의 수가 성공적으로 감소했으며, 텔로미어 길이도 33% 증가했다. 더 중요한 것은 이 치료제가 세포 증식을 재개시키고 고환, 비장, 창자 등 여러 장기에서 퇴행 증상을 소거했다는 사실이다. 또한 생식력, 비장 크기, 후각, 뇌의 크기와 기능도 회복되었다. 만약 이러한 결과가 고령의 인간에서도 관찰된다면 노화과정을 성공적으로 역전시킬 수 있을 것이다.

또 한 가지 기대되는 결과는 데피노 박사가 실험한 마우스에서 4주간의 4-하이드록시 타목시펜 치료기간 동안 암 위험이 증가하지 않으며, 텔로머라아제 유도 25주 후 생존율이 3배나 증가했다는 점이다.

그러나 아쉽게도 데피노 박사가 실시한 치료법은 인간에 적용할 수 없다. 심지어 이 치료는 다른 마우스에도 적용할 수 없다. 텔로머라아제 활성화의 자물쇠-열쇠 기전에 비유하면, 인간 세포에는 텔로머라아제의 활성화를 방해하는 '자물쇠'가 있으며, 우리는 이 자물쇠를 열 수 있는 열쇠를 찾고 있는 것이다. 이러한 측면에서 데피노 박사는 유전자 치료를 통해 이미 발견된 열쇠에 맞는 새로운 자물쇠를 만들어낸 것이라 할 수 있다. 플라스미드를 이용해 세포를 불멸화하려는 제론의 최초 실험이 부적합했던 것과 마찬가지의 이유로 이 치료는 약물치료로서 적합하지 않을 것으로 생각된다.

제6장

생명연장과 텔로머라아제

노화와 발달 그리고 연대

'노화'라는 용어에 포함된 다양한 개념은 종종 노화의 구성에 대한 오해를 불러일으킨다. 노화는 크게 생물학적, 발달적, 연대적 노화로 분류된다. 이 세 가지는 독자적인 개념으로, 반드시 상호 관련이 있는 것은 아니다.

생활연령은 시간을 이용해 노화를 객관적으로 측정할 수 있는 가장 단순한 방법이다. 생활연령은 출생일부터 경과해 온 시간을 측정하는 척도이다. 생물학적 노화는 유기체의 사망률을 증가시키는 시간에 따른 신체적 변화를 일컫는다. 앞서 언급했듯이 사망률이 생활연령에 따라 증가하는 것이 아니라면, 유기체가 반드시 생물학적 노화과정을 거친다고 할 수는 없다. 예를 들어, 하루 된 세균이 10년 된 세균보다 사멸 확률이 반드시 높거나 낮은 것은 아니다. 많은 세균들이 높은 사멸률을 보이지만, 사멸률은 생활연령의 영향을 받지 않기 때문에 세균에서는 생물학적 노화과정이 진행되지 않는 것이다. 마지막으로, 발달은 유전적으로 프로그래밍된 유기체의 성장을 의미한다. 이는 생물학적 노화와는 전혀 관련이 없다.

연대적 노화와 생물학적 노화 개념의 혼란은 심장질환이나 암과 같은 다른 모든 질병에서 벗어나도 '고령'이라는 질병이 우리를 사망으로 이끌 것이라는 오해를 불러왔다. 그러나 생물학적 노화의 관점에서 보면 이러한 질병이 곧 고령이다. 질병은 사망률이 연령에 따라 증가함을 나타내는 실제적인 예이다.

고대 그리스 신화에도 노화와 관련된 이야기가 존재한다. 여신 에오스(*Eos*)는 제우스(*Zeus*)에게 자신과 결혼한 티토누스(*Tithonus*) 왕자를 불사의 존재로 만들어 달라고 간청했다. 그러나 그녀는 티토누스의 젊음을 그대로 간직하게 해달라는 간청을 함께 하는 것을 잊고 말았다. 에오스는 매일매일을 그가 늙고 쇠약해지는 것을 바라보아야 했다. 결국 쇠약하고 무기력해진 티토누스는 매미가 되고 말았다.

이 신화는 노화에 대한 사람들의 오해를 단적으로 보여준다. 내가 노화 치유 프로젝트를 계획하고 있다고 했을 때 사람들은 두려운 눈으로 나를 바라보며 이렇게 말했다. "사람이 죽지 않으면 영원히 늙고 아파야 하는 것 아닌가요?" 그러나 이러한 생각은 노화를 잘못 이해하는 데서 비롯된 오해이다. 이 사람들은 생물학적 연령과 생활연령을 분리하여 생각하지 않았다. 이러한 사고방식은 종종 '티토누스 시나리오(Tithonus Scenario)'로 일컬어진다. 노화는 자연적인 쇠퇴에서 해방되는 것이 아니라 쇠퇴 그 자체이다. 만약 텔로미어 길이 혹은 잔여 세포분열 횟수가 생물학적 연령의 척도라면, 텔로미어 길이를 길게 유지하여 전체 수명을 연장하고 모든 연령대에서 나타나는 생물학적 퇴행을 예방하는 것이 가능할 것이다.

잔여 세포분열 횟수가 동일한 40세와 60세 성인은 생물학적 연령이 동일하다. 40세, 60세라는 연대(chronology)는 상관이 없다. 따라서 이 두 사람이 40년을 더 살 경우, 60세인 사람이 더 건강함에도 불구하고 100년을 살았다는 이유만으로 고령자로서 더 힘든 세월을 보냈을 것이라고 단언할 수는 없다.

사람들은 다른 사람들에게서 보아온 패턴에 의거하여 종종 생활연령을 신체 상태와 연관시킨다. 그러나 현실은 이 두 사람의 잔여 수명과 생존의 질이 거의 동일하다는 것이다. 더 건강한 60세 성인이 눈에 띄는 퇴행이 시작되기 전까지 20년을 더 젊게 산 것이다!

노화를 정확하게 이해하려면 연대의 측면을 생각해서는 안 된다. 흔히들 '나이는 숫자에 불과하다'라고 한다. 엄밀히 따지면 맞는 말이지만, 여기서 가리키는 숫자는 다른 의미를 나타낸다. 나이는 태어난 날로부터 경과한 햇수가 아니라 잔여 세포분열 횟수로 인식해야 한다. 사람이 실제 살아온 햇수는 크게 관련이 없으며, 그 연관성을 완전히 배제하는 것이 나의 목표이다.

또 한 가지 자주 혼동되는 개념은 '노화'와 '발달'이다. 어린아이가 '나이 들어' 어른이 된다는 표현에서처럼 이 두 용어는 흔히 교차되어 사용된다. 그러나 노화와 발달은 생물학적 관점에서 각기 다른 별개의 과정이다.

발달은 수태 시점부터 시작되고, 노화는 세포가 자궁 내에서 최초로 분화하여 텔로머라아제 발현을 억제하는 순간부터 시작된다. 아동기에는 발달과 노화가 모두 일어나지만, 단지 아이들에서는 뚜렷한 노화 징후가 아직 나타나지 않은 것뿐이다. 24세경이 되면 발달과정은 종료되지만 노화과정은 지속된다.

지금까지 연구를 해오면서 아기처럼 보이는 10대에 관한 보도기사를 몇 차례 접했다. 그러나 이러한 기사는 노화가 진행되지 않는 이 아이들이 불멸의 열쇠를 쥐고 있을 수도 있다면서 잘못된 추론을 이끌어내는 경향이 있었다.

그러나 이는 잘못된 결론이다. 이 아이들도 틀림없이 노화하고 있다! 실제로 아이들의 혈액에서 텔로미어 길이를 측정했을 때 텔로미어 단축이 일반적이거나 혹은 더 가속화된 것으로 확인되었다. 이 아이들은 노화가 멈춘 것이 아니라 발달에 실패한 것이다. 그러나 2013년 10월, 애석하게도 그중 브룩 그린버그(Brooke Greenberg)라는 아이가 20세의 나이로 세상을 떠났다.

노화와 발달에 대해 오해하고 있는 사람들은 간혹 이런 질문을 한다. "텔로머라아제 유도제를 너무 많이 복용하면 다시 갓난아기 때로 돌아가는 것 아닌가요?" 정답은 "아니오"이다. 텔로머라아제 유도는 발달이 아닌 노화만 역전시킬 것이다. 강력한 텔로머라아제 유도제를 복용했을 때 어떤 결과가 나타날 것인지에 대해 정말로 알고 싶다면, 나는 이렇게 말할 것이다. "스물네 살 때로 돌아갈 준비를 하십시오!"

텔로미어 문제가 해결되면 20대 때 누렸던 건강, 활력, 외모, 낮은 질병(어떤 질병이든) 위험을 되돌려 받을 수 있을 것이다.

그렇다면 질병 위험에 대해 논의해보자.

질병의 표적

인체 내 텔로머라아제 활성화와 텔로미어 길이 연장은 수명 연장 이상의 이득을 제공할 것이다. 이 치료는 심장질환이나 알츠하이머병, 골다공증 등 상상할 수 있는 거의 모든 질병에서 효과를 발휘할 것이다. 몇 년 전 이 이론을 제기한 이후로 텔로미어와 질병의 상호작용에 관한 보고들이 끊임없이 내 이론을 뒷받침하고 있다.

그러나 과학적 근거가 제시되었음에도 불구하고 이 이론은 아직 어색하게 받아들여질 수 있다. 이유는 오래전부터 사기꾼들이 항노화 분야에 대한 불신을 키워왔기 때문이다. 더군다나 이들은 "만병통치약 하나 사세요! 류머티즘, 홍역, 폐병 등 세상에 있는 모든 질병을 다 치료할 수 있습니다!"라며 만병통치약까지 팔아왔다.

하지만 의학적 발전과 관련하여 우리에게 광범위한 함의를 시사하는 선례가 있다. 100년 전, 누군가가 매독, 위궤양, 농양, 렙토스피라증(*leptospirosis*), 라임병, 클라미디아(*Chlamydia*), 패혈성 인후염, 장티푸스, 괴저가 모두 근본적으로 동일한 질병이며, 약 하나로 이 질병을 모두 치료할 수 있다고 주장했다고 가정해보자. 그 당시에는 억측이라고 생각했을지도 모르지만, 결국 이 모든 질병을 치유할 수 있는 페니실린이 탄생했다. 우리는 그동안 과학계와 의학계의 혁신에 대해 당연한 듯 의심을 품어 왔다. 그러나 이러한 혁신은 실제로 일어난다.

"모든 문제는 텔로미어 길이가 짧아지면서 발생한다."내가 자주 사용하는 문구이다. 20대보다 80대에 주로 발생하는 질병들은 모두 이 '문제'의 극명한 예이다. 이를 증명하는 가장 적절한 예시는 텔로미어가 짧은 채로 태어나는 인간에게서 발생하는 유전질환인 선천성 조로증(*Progeria*)이다. 이 환자들은 어린 시절부터 노화 징후를 보인다. 즉, 선천성 조로증 환아들은 생활연령이 낮음에도 불구하고 '문제'를 경험하게 되는 것이다.

일반적으로 노인은 젊은이들보다 퇴행성 및 감염성 질환의 위험이 높다. 텔로미어 길이의 조절이 이 광범위한 질병을 치유할 수 있다는(즉, 80세 노인이 20대 젊은이보다 질병에 더 취약해지지 않게 한다는) 가설은 틀린 것으로 검증되지 않았으며, 여러 과학 문헌에 의해 뒷받침 되고 있다. 이는 강력한 텔로머라아제 유도제를 개발해야 할 또 다른 중요한 이유이다. 강력한 텔로머라아제 유도제는 인류가 시작될 때부터 존재했던 수많은 질병의 궁극적인 치료제로 밝혀질 것이다. 그 질병의 종류는 다음과 같다.

암

> 텔로머라아제는 암을 유발하지 않는다. 오히려 텔로머라아제가 결핍되었을 때 암이 발생할 수 있다.

우리는 지금까지 세포에서 텔로머라아제가 생성되면 암이 발생할 것이라고 생각해왔다. 그러나 사실은 정반대인 것으로 드러났다. 텔로머라아제와 암의 상관관계에 대한 수백 편의 과학논문들이 발표되었으며, 그중 다수가 5년이 채 되지 않은 것이다. 이들 연구는 대부분 텔로머라아제 활성제가 암을 유발하는 것이 아니라 예방할 것이라는 관점을 지지한다.

이들 연구는 텔로머라아제의 부족으로 인한 텔로미어의 단축이 염색체 재배열과 돌연변이를 유발할 수 있다는 사실을 보여주고 있다. 이러한 현상은 살아 있는 인간과 시험관 내(*in vitro*) 모두에서 관찰되었다. 또한 염색체 재배열과 돌연변이 생성은 암을 유발한다. 고령자에서 암 발병률이 훨씬 높은 주요 원인 중 하나가 바로 이것, 짧은 텔로미어가 염색체에 심각한 문제를 야기하기 때문이다.

본질적으로 암은 다양한 방식으로 변이된 세포이다. 이러한 변이는 크게 다음과 같은 두 범주로 분류할 수 있다.

1) 성장조절의 실패
2) 세포의 불멸화

이 중 한 가지 변이만으로는 암을 유발할 수 없다. 세포주가 성장조절에 실패했으나 불멸화되지 않았다면, 이 세포주는 분열을 몇 번 반복하다 멈출 것이다. 이것이 바로 '고령으로 인한 사망'이다. (그러나 이러한 분열은 세포주의 텔로미어를 단축시키고, 변이가 텔로머라아제의 이상 발현을 유도하여 세포를 불멸화할 확률을 증가시킬 수 있다.)

반면 세포가 불멸화되었지만 성장조절에서 실패하지 않았다면, 이는 단순히 세포주에서 더 이상 노화과정이 진행되지 않는다는 것을 의미한다. 텔로미어 길이를 유지시키면 변이가 이후 성장조절 실패를 유도할 확률을 감소시킬 수 있다.

변이는 종양억제유전자(망막모세포종, $p53$ 등)를 비활성화시키거나 암유전자(Myc, Ras 등)를 활성화시켜 성장조절 실패를 유도한다. 세포의 성장조절 실패를 유도하는 데 필요한 변이의 개수는 암 유형에 따라 다르지만, 일반적으로 10~12개이다. 그러나 성장조절 실패만으로는 암을 유발할 수 없으며, 반드시 세포 불멸화가 동반되어야 한다.

스스로를 불멸화할 수 있는 능력은 암의 핵심 요소 중 하나이다. 암세포는 대개 텔로머라아제를 활성화하여 스스로를 불멸화한다. 암은 'ALT'로 알려진 잠정적인 2차 기전을 보유하고 있기는 하지만, 가장 일반적인 기전은 텔로머라아제 유전자를 활성화하는 것이다.

텔로미어 연구 초기, 대중들은 텔로머라아제의 활성화가 암을 유발할 수 있다는 우려를 나타냈다. 이러한 인식은 암세포가 텔로머라아제를 발현한다는 사실에 대한 과학자들의 추측에서 비롯된 것이었다. 연구자들은 정상 인간 세포를 분석하여 텔로머라아제가 존재하지 않는다는 사실을 발견했다. 반면 암세포 조사에서는 10번 중 9번에서 텔로머라아제가 발견되었다. 이에 따라 과학자들은 텔로머라아제가 암을 유발한다는 가설을 세우게 되었다.

그러나 A와 B가 동시에 발생한다고 해서 A가 B를 유발한다고 단정지을 수는 없다. 이 둘의 관계는 인과관계가 아니다. A와 B의 동시 발생은 세 번째 요인인 C가 A와 B를 모두 유발한다거나 B가 A를 유발한다는 것을 의미할 수도 있다. 이는 암과 텔로머라아제에도 동일하게 적용된다. 텔로머라아제는 암을 유발하지 않는다. 하지만 암은 텔로머라아제를 유도한다.

여러 가지 측면에서 텔로머라아제는 연료와 유사하다고 할 수 있다. 이 효소는 세포주가 필요할 때마다 분열하여 완벽한 복제세포를 만들어내 영구하게 제 기능을 유지하게 한다. 세포의 기능이 심장을 뛰게 하는 것이면, 세포는 필요할 때마다 분열과 복제를 반복하여 심장질환을 예방한다. 세포의 기능이 안구를 구성하는 것이면, 역시 필요할 때마다 분열과 복제를 반복하여 황반변성을 예방한다. 그러나 세포가 파괴되어 필요하지 않은 경우에도 분열하게 되면(즉, 조절 불능 상태), 결국 자기가 포함되어 있던 장기를 손상시키게 되는데, 이것이 바로 암이다. 텔로머라아제가 생성되면 암은 숙주를 사멸시킬 때까지 이 과정을 반복하게 된다.

그러나 다행인 것은 암세포를 찾아 파괴시키는 세포가 있다는 사실이다. 우리의 면역계는 암을 파괴하는 데 능숙하며, 신체 내 다른 여느 체계와 같이 대부분의 사람들에서 텔로미어가 짧아지거나 나이가 들기 전까지 제 기능을 매우 훌륭하게 수행할 것이다.

인체는 약 100조 개의 세포로 이루어져 있다. 그러나 변이된 세포는 정상적인 기능을 하지 못하고 걷잡을 수 없는 분열을 시작한다. 이러한 과정은 인체에서 적어도 하루 한 번은 나타날 수 있다. 나는 모든 인간이 하루 7번씩 암에 걸린다고 주장하는 연구자들과 이야기를 나눠본 적이 있다. 우리 인생 중 대부분의 시간 동안, 면역계는 암이 확산되거나 증상을 유발하기 전 암세포를 빠르고 효과적으로 파괴한다.

미국 국립암연구소(*National Cancer Institute*)에 따르면, 매년 10만 명 중 약 36명이 20대 초반에 암을 진단 받는다고 한다. 물론 텔로미어가 길어도 암이 발생할 수는 있지만, 이는 매우 드문 현상이다. 다른 모든 연령대에서와 같이 초기 성인에서도 간혹 세포가 변이되어 암으로 변하기도 한다. 초기 성인의 면역계에는 전형적으로 이러한 이상을 억제할 수 있는 능력이 있다. 텔로머라아제 유도를 통해 면역계를 젊고 건강하게 유지할 수 있다면, 아무리 나이가 들어도 평생 암에 걸리는 일은 매우 드물 것이다.

다음은 텔로머라아제를 연료 혹은 휘발유에 비유하여 각기 다른 삶의 단계를 묘사한 것이다.

어린 시절: 휘발유 값이 싸고 풍부한 도시가 있다고 생각해보자. 무장강도들은 상점에서 물건을 훔쳐 차를 타고 도망친다. 하지만 막강한 경찰인력이 배치되어 있어 강도들을 추적하고 체포하여 훔친 물건을 주인에게 돌려준다.

노년 시절: 이번에는 휘발유가 매우 희소한 도시를 상상해보자. 사람들은 운전을 거의 하지 않는다. 경기도 악화되고 있다. 일부 시민들은 상점에 가서 음식을 사기도 어렵다. 하지만 범죄율은 높지 않다. 강도 일당도 휘발유가 없어 예전처럼 경찰을 피해 도주할 수 없기 때문이다.

암: 그러던 어느 날 무장강도단 일원 1명이 유조선을 납치하여 엄청난 양의 휘발유를 확보한다. 갑자기 도시의 범죄율이 걷잡을 수 없이 증가한다. 강도들은 모든 사람들의 전 재산을 약탈하고 경찰을 비웃으면서 달아난다.

실제 암도 이와 유사하다. 세포 집단 중 변질된 한 세포 무리만 연료를 가지고 있어도 전체 체계가 붕괴된다. 이 세포들이 유일하게 텔로머라아제를 보유하고 세포이다. 그렇다고 해서 텔로머라아제가 암을 유발한다고 할 수 있을까? 그렇지 않다. 그 말인즉슨, 휘발유가 범죄를 유발한다는 것과 같은 의미이다.

일부 기업과 연구자들은 텔로머라아제를 억제하는 것(즉, 도시의 모든 휘발유를 빠짐없이 회수하여 범죄자들에게서 휘발유를 빼앗는 것)이 암과 싸우는 가장 좋은 방법이라고 생각한다. 이 방법은 면역계에 암과 대적할 수 있는 공평한 경쟁의 장을 마련해준다는 점에서 분명 설득력 있는 접근법 같지만, 사실은 텔로머라아제를 유도하는 것이 더 효과적인 방법이다.

텔로머라아제의 활성화: 새로운 유정(油井)을 텔로머라아제 활성제라고 가정해보자. 갑자기 도시에 파이프라인이 설치되어 모든 주유소에 기름이 공급되면서 다시 전체 도시에 저렴한 휘발유가 풍부해진다. 이제 도시의 범죄 요소가 더 강력해질까? 그렇지 않다. 범죄자들이 이미 휘발유를 가지고 있기 때문이다. 이제는 경찰들이 다시 일하기 시작해 도시를 원상태로 돌려놓는다. 누구나 운전할 수 있고 경제가 호황을 이루며, 범죄가 존재하기는 하지만 통제가 가능하다.

텔로머라아제가 암 유발 돌연변이를 유발하지 않는다는 사실이 알려진 지는 10년이 넘었다. 제론 연구팀에서 인간 텔로머라아제를 발견한 직후, 1999년부터 2002년까지 텔로머라아제가 유도된 세포가 암성 세포로 변하는지를 밝혀내기 위해 세계 여러 연구소에서 실험을 실시했다. 2002년, 텔로머라아제와 암에 관한 결정적인 연구가 발표되었다. 제론의 캘빈 할리(*Calvin Harley*)는 이 시기에 발표된 관련 문헌 86편을 검토하여 텔로머라아제가 암을 유발한다는 신뢰할 만한 근거가 없다는 결론을 내렸다. 그의 논문 "텔로머라아제는 종양유전자가 아니다(*Telomerase Is Not an Oncogene*)"는 텔로머라아제에 대한 개념을 "암을 치유해야만 노화를 치유할 수 있는 것"에서 "노화를 치유할 수 있는 것"으로 급격하게 바꾸어 놓았다.

몇 년 후, 또 다시 개념이 바뀌었는데, 이번에는 텔로머라아제 활성화가 노화와 암을 모두 치유할 수 있다는 것이었다. 2009년, 조지타운 대학교와 국립암연구소의 공동연구에서 길이가 짧은 텔로미어가 텔로미어 기능 이상을 유발하여 염색체를 불안정하게 하고, 그 결과 암이 발생한다고 결론 내렸다. 특정 암은 짧은 텔로미어 때문에 발생하는데, 이는 텔로머라아제가 암 발생이 시작되기 전 암을 예방할 수 있을 것이라는 점을 시사한다.

2010년 연구에서는 이 문제를 집중적으로 규명했다. 한 다국적 의사 연구팀에서 환자 787명을 대상으로 텔로미어 길이를 비교하고 그에 따른 암 위험을 평가했다. 연구 결과, 텔로미어 길이가 가장 짧은 환자들은 텔로미어가 더 긴 동갑 환자들보다 암 위험이 3배나 높은 것으로 나타났다. 이 연구에서도 짧은 텔로미어가 암 위험을 증가시킬 뿐만 아니라, 더 위험한 암을 유발하는 것으로 추정된다고 결론 내렸다. 텔로미어 길이의 표준편차가 1씩 감소할 때마다 암 사망률이 2배 증가했다. 머지않아 의사들은 환자의 예후를 예측하는 도구로서 텔로미어 길이를 측정할 것이다. 텔로미어 길이가 긴 환자들은 짧은 환자들보다 병을 극복할 확률이 훨씬 높다.

심혈관 질환

심장질환과 텔로미어 길이 사이의 상관관계는 광범위하게 연구되었다. 심장질환은 서양 국가에서 가장 중요한 사망 원인이기 때문에(신기하게도 아시아계 여성은 제외된다) 과학자들은 텔로미어 길이와의 연관성을 규명하는 데 큰 관심을 보였다.

2001년 예비연구에서 중증 만성 동맥질환 환자가 이 질병을 동반하지 않은 환자와 비교해 혈액세포 내 텔로미어가 300염기쌍가량 짧다는 근거를 발견했다. 이 환자들은 자신보다 8.6세가 많은 사람들과 텔로미어 길이가 동일한 것으로 나타났다. 2003년 발표된 대규모 연구에서는 심장발작을 경험한 환자들에서 텔로미어 길이를 측정했다. 이 환자들에서 자신보다 평균 11.3세가 많은 사람들과 텔로미어 길이가 같다고 보고되었다. 이 연구에서는 텔로미어가 평균치보다 짧은 사람들이 동일한 연령에서 텔로미어 길이가 가장 긴 사람들보다 심장발작 위험이 3배가량 높다고 결론 내렸다.[24]

짧은 텔로미어가 심혈관 질환의 위험인자라는 사실에는 의심의 여지가 없다. 따라서 텔로머라아제 유도가 심혈관 질환을 예방하고, 어쩌면 치료까지 할 수 있을 것이라는 추론은 합당하다. 심혈관 질환은 노화의 또 다른 증상으로 볼 수 있으며, 잘 알다시피 질병을 치료하면 그 증상도 치유될 수 있다.

알츠하이머병

죽는 것보다 무서운 병이라는 알츠하이머병은 단언컨대 노년에서 발생하는 신체적, 정신적 퇴화와 가장 밀접한 관련이 있는 질병 중 하나이다. 때문에 과학자들은 알츠하이머병에서 텔로미어 단축의 역할을 규명하는 데 자연스럽게 관심을 가져 왔다.

알츠하이머병 환자는 면역세포뿐만 아니라 뇌의 성상세포와 슈반세포(Schwann cell)에서도 텔로미어 길이가 단축된 것으로 밝혀졌다. 2007년 연구에서 애들레이드 대학 연구팀은 알츠하이머병 환자에서 백혈구를 포함한 여러 세포의 텔로미어 길이가 유의하게 짧다는 사실을 발견했다.[25] 이와 유사하게 2009년 연구에서도 알츠하이머병이 짧은 평균 백혈구 텔로미어 길이와 관련이 있다고 보고했다.[26]

그중 가장 고무적인 연구는 텔로미어 연장이 뇌 질환을 치료할 수 있을 것이라고 제시한 하버드 의과대학 데피노 박사 연구팀의 2010년 연구였다. 이 연구에서 텔로미어를 단축시켜 노화를 유도한 마우스는 뇌 수축과 함께 뇌 질량 감소를 동반한 알츠하이머 유사 증상을 보였다. 그러나 텔로머라아제 활성화로 텔로미어 단축이 역전되었을 때, 뇌 중량은 정상 수치까지 복원되었으며 다른 증상도 역전되었다.

만성 폐쇄성 폐질환(COPD)

2009년 프랑스에서 나온 연구에 따르면, 심혈관 질환 환자와 마찬가지로 *COPD* 환자도 *COPD*를 동반하지 않은 비흡연자 또는 흡연자보다 평균 텔로미어 길이가 유의하게 짧은 것으로 나타났다.[27]

이 연구에서는 짧은 텔로미어와 질병의 상관관계를 확립했다. 그러나 그 관계는 인과관계가 아니었다. 두 인자가 동시에 발생했다고 해서 첫 번째 인자가 두 번째 인자를 유발했다고 할 수는 없다. 그렇다면 짧은 텔로미어가 *COPD*를 유발했을까, 아니면 *COPD*가 텔로미어 단축을 유도했을까? 그것도 아니라면 제3인자가 둘 모두를 유발했을까?

이 경우 나는 자신 있게 짧은 텔로미어가 *COPD*의 주원인이라고 말할 수 있다. 텔로미어가 긴 사람에게서 퇴행성 비감염성 질환이 발생하여 텔로미어 단축이 가속화되는 것은 쉽게 추론할 수 없는 기전이다. 이에 대해서는 향후 추가적인 연구가 필요하다.

퇴행성 추간판 질환

맨체스터 대학교에서 수행한 2007년 연구에서는 추간판 퇴행 단계가 진행될 때마다 추간판 세포의 텔로미어 길이가 짧아진다는 사실을 밝혀내고, 퇴행성 추간판 질환이 텔로미어 단축에 따른 세포 노화에 의해 발생했을 것이라는 가설을 수립했다.[28]

노화에 따른 허리 질환의 발생은 '마모성' 질환으로 강력하게 추정된다. 즉, 우리 몸에는 '부품'(척추)이 있으며 시간이 지나면서 이 부품이 마모되는 것이다. 그러나 다른 동물에서 관찰된 결과에 따르면, 척추가 마모되는 데에는 수십 년이 걸리지 않는다. 퇴행성 추간판 질환에 유전적으로 취약한 개는 일반적으로 평균 7세경에부터 증상을 보인다. 그러나 7세 아동에서 이러한 질병이 발생하는 일은 훨씬 드물다.

텔로미어를 길게 유지한다면 젊음과 활동성을 유지하는 데 중요한 요소인 뼈의 건강을 지킬 수 있을 것이다.

기타 퇴행성 질환

앞서 언급한 퇴행성 질환 외에도 짧은 텔로미어는 골관절염[29], 류머티스 관절염[30], 골다공증[31], 황반변성[32], 간경변[33], 근이영양증, 선천성 이상각화증, 특발성 폐섬유증[34]의 위험인자로 밝혀졌다. 그에 따르면 퇴행성 질환의 주요 원인은 복제노화로 인한 세포의 복원기능 상실인 것으로 추정된다.

에이즈를 포함한 감염 질환

사람들은 종종 감염 질환과 노화의 연관성을 간과한다. 에이즈는 모든 연령대에서 감염될 수 있으며, 감염률 또한 연령과 무관하다.

그러나 에이즈는 다른 만성 감염과 같이 면역세포의 노화를 가속화시킨다는 점에서 노화와 관련이 있다.[35] HIV 양성 환자들은 건강한 이들보다 $CD8+\ T$세포의 텔로미어 길이가 유의하게 짧은 것으로 나타났다. 한 명은 *HIV* 양성이고 다른 한 명은 음성인 일란성 쌍둥이를 대상으로 한 연구에서도 *HIV* 양성 환자는 $CD8+ T$세포 내 텔로미어 길이가 더 짧았다. *HIV* 는 면역계의 텔로미어를 단축시킨다.

*HIV*는 바이러스이고 에이즈는 질병이다. *HIV*는 면역세포가 *HIV* 감염과 싸울 능력이 없을 때 에이즈를 유발하여 최초로 증상을 보이기 시작한다. 따라서 면역계에서의 텔로머라아제 유도는 *HIV*가 에이즈를 유발하는 것을 예방할 수 있을 것으로 기대된다.

노화된 면역계의 위험은 감염 질환에도 적용된다. 텔로미어 연장이 감기를 치료할 수는 없을 것이다. 하지만 젊은이와 노인이 경험하는 감기는 매우 다르다. 예를 들어 10대의 경우, 증상이 나타나기는 하나 며칠 안에 극복할 수 있다. 하지만 80대 노인에서는 단순한 두통 감기도 몇 주 동안 지속될 수 있다. 고령자에서 이러한 질환은 생명을 위협할 수도 있다. 텔로미어 길이를 젊었을 때의 상태로 복원하면 면역계를 강화하여 90세의 나이에도 젊은이들처럼 감기를 이겨낼 수 있다.

상처치유력 감소

상처치유력은 노화하면서 감소한다. 창상(創傷)은 젊은이의 경우 수일 내로 사라지지만, 노인은 훨씬 오래 지속된다. 상처가 치유되기 위해서는 세포분열이 필요한데, 텔로미어 길이가 길수록 세포분열이 더 효율적으로 진행된다. 텔로머라아제 결핍 마우스 실험에서 단축된 텔로미어가 상처치유력을 감소시킨다는 사실이 확인되었다.[36] 따라서 텔로미어 길이의 조절은 고령자에서 상처치유력을 증대시켜 젊은 시절과 같은 수준으로 되돌릴 수 있을 것이다.

또한 진행성 텔로미어 단축은 피부 노화의 주원인으로 추정된다.[37] 따라서 텔로미어 길이를 조절하면 피부 노화를 연기 또는 중단할 수 있을 것으로 기대된다. 이 치료가 노화된 외모를 역전시킬 수 있을지는 여전히 불분명하지만, 노화된 피부세포의 텔로머화에 관한 제론의 개념증명 실험은 그 가능성을 제시한다. 누구든 연령에 관계없이 젊은 시절의 모습으로 돌아가게 하는 것은 화장품 산업의 궁극적인 목표 중 하나일 것이다.

선천성 장애

선천성 장애는 출생 시부터 동반된 질환이기 때문에 의미상으로 노화성 질병이라 할 수 없다. 그러나 조기 텔로미어 단축은 근이영양증[38], 조로증[39], 선천성 이상각화증[40], 크리듀샤즈 증후군(cri du chat syndrome)[41], 판코니(Fanconi) 빈혈[42], 특발성 폐섬유증, 결절성 경화증[43], 베르너(Werner) 증후군[44] 등과 관련이 있다. 임신부의 텔로미어 길이 또한 다운증후군과 관련이 있는 것으로 확인되었다.[45]

텔로머라아제 유도가 이러한 질병을 치료 또는 치유할 수 있는지는 아직 밝혀지지 않았지만, 분명 이득은 있을 것이다. 이러한 질병은 전형적으로 중증도가 높으며 삶의 질을 저하시킬 수 있다. 향후 텔로미어 치료가 이 질병들을 개선할 수 있는지를 규명하는 연구가 이루어져야 할 것이다.

제7장
윤리적 문제들

노화 치유를 인류가 탐험하지 말아야 할 과학 분야로 간주하여 반대하는 이들이 있다. 이 문제는 이 책에서 다룬 주제 중 가장 논의하기 어려운 문제이다. 나는 과학자다. 철학자도, 정치가도, 사회학자도 아니며, 신학자는 더더욱 아니다.

 노화 치유에 대한 모든 이슈를 거슬러 올라가 보면, 결국 과학적 진보 자체가 긍정적인 것인지의 문제가 그 근간을 이룬다. 일각에서는 우리가 애초부터 원자분열이나 육체노동의 기계화를 시도하지 말았어야 한다면서 과학적 진보가 긍정적인 성과보다는 문제를 더 많이 양산했다고 비판한다. 다른 편에서는 현대 기술이 우리에게 가져다 준 기적에 감사하며,

"과학이 비추는 한줄기 빛은 어디서든 밝게 비치니, 온누리를 밝게 비추리라"라는 아이작 아시모프(Isaac Asimov)의 명언을 신봉한다.

나는 어린 시절 이미 마음을 정했다. 과학은 우리가 탐험하고, 발견하고, 배워야 할 훌륭한 학문이다. 기술이라는 것은 본질적으로 좋거나 나쁠 수 없다. 단지 유용할 뿐이다. 기술은 도구이며, 다른 여느 도구처럼 좋은 방향으로도 나쁜 방향으로도 사용될 수 있다. 그러나 기술의 발견은 항상 선한데, 이는 기술이 항상 좋은 방향으로 사용될 수 있는 가능성을 쥐고 있기 때문이다. 기술을 발견하는 것은 나의 사명이다. 기술을 올바르게 사용하기 위한 정책을 수립하는 것은 다른 누군가의 몫이다.

장수와 관련된 윤리적 이슈와 사회적 난관에 대해 더 심층적으로 알고 싶다면, 이 문제를 심도 깊게 연구해온 동료 아브리 데그레이(Aubrey de Grey)의 저서 『노화의 종결: 우리 인생에 젊음을 되돌려줄 돌파구』(Ending Aging: The Rejuvenation Breakthroughs That Could Reverse Human Aging in Our Lifetime)를 추천하고 싶다.

그러나 윤리적 문제에 대해 함구하면서 이 책을 집필하는 것은 잘못된 것이라 생각한다. 이제 노화 치유에 대한 나의 견해를 정리해보고자 한다.

"인구가 과잉화되어 지구상에 인구가 넘쳐나지 않을까?"

이 문제는 이 책의 도입부에서 간단히 다루었지만, 가장 많이 듣는 질문이기 때문에 여기서 다시 한 번 언급하도록 하겠다.

지난 세기 동안 지구의 인구는 급격하게(누군가의 말을 빌리자면, 놀랄 만큼) 증가했다. 지구 한편에서는 자원 부족으로 심각한 문제가 나타나고 있다. 사람들은 음식과 토양, 깨끗한 물, 전력, 광물자원과 같이 지구에서의 삶을 지속해나가는 데 필요한 자원들이 곧 고갈될 것이라고 주장한다.

그러나 대부분의 선진국에서는 자원부족이 문제가 되지 않는다. 미국을 포함한 여러 선진국에서는 음식물이 추가적으로 생산되어 수출되고 있다. 또한 인구성장은 많은 나라에서 감소하고 있으며, 대부분의 선진국에서는 이미 정지된 상태이다.

자원고갈의 공포는 정치적 또는 이윤적 측면에서 파생된 것이라고 생각한다. 과거 대중매체에는 '피를 흘려야 주목 받는다'(*if it bleeds, it leads*)라는 말이 적용되었다. 전 세계 석유 저장량이 10년치도 남지 않았다는 말은 적어도 1980년대 초부터 들어온 것 같다. 피터 다이어맨디스(Peter Diamandis)와 스티븐 코틀러(Steven Kotler)의 책 『어번던스』(*Abundance: The Future Is Better Than You Think*)는 자원의 미래를 총체적으로 검토하여 증가하는 인구를 감당할 수 있는 이상의 자원이 존재한다는 설득력 있는 논점을 제시했다.

필요 이상으로 인구를 늘리는 것은 인간의 본성(더 넓게는 동물의 본성)이 아니다. 무차별한 자살 행동을 보이는 종(種)도 없다. 나그네쥐(*Lemming*)가 정말로 절벽으로 뛰어내리는 것은 아니며, 타조도 실제 머리를 모래 속에 파묻지 않는다. 인간에게도 예외란 없다. 인구가 증가하면서 생계비가 자연스럽게 증가하고, 그에 따라 출산율이 자연스럽게 낮아졌다. 사람들은 더 이상 가족을 늘리지 않겠다고 다짐하면서 아이를 출산하는 것을 미루고 있다.

만약 인간이 100년 혹은 1,000년을 살아야 한다면, 사람들은 서둘러 아이를 가지려고 하지 않을 것이다. 1800년대 이

전, 다출산은 마치 '숫자놀음' 같았다. 영아 사망률은 높았고 아이들은 값싼 농업 인력으로 전락되었다. 오늘날 젊은이들은 마지막 한계에 가까워질 때까지 출산을 미루다가 가임기가 완전히 끝나버릴까 우려하여 아이를 가진다. 그렇다고 텔로머라아제의 활성화가 가임기를 연장시켜 생식의 창을 무한정 열어두는 것은 아니다.

인간은 한계를 넘지 않는 선까지 자연스럽게 증가하고 있다. 물론 기술은 계속해서 인구 한계선을 늘려나갈 것이다. 심지어 최근에는 *GPS* 기술도 효율적인 트랙터 활용을 유도하여 농작물 생산을 20%나 증가시켰다. 농업의 자동화에서부터 훗날 우주 탐광(探鑛)과 이주에 이르기까지 아직 우리가 목격해야 할 많은 발전의 산물이 남아 있다.

"어떤 측면에서는 노화가 좋은 것이 아닌가?"

노화와 죽음은 인류가 출현하기 훨씬 전부터 존재했으며, 우리는 이를 통제할 수 없다고 여기는 세계에 살고 있다. 우리는 종종 노화과정을 통제하기보다는 수용하여 우리의 세계관으로 통합하는 방법을 발견한다. 많은 이들이 나이가 들면서 늘어가는 지혜와 연륜이 신체 노화의 긍정적인 대가라고 하면서 늙어가는 것에 만족한다. 그들은 가족, 경력, 개인적인 삶의 만족 등 삶에서 우러나오는 경험으로부터 풍요로움을 느낀다.

삶의 경험은 분명 긍정적인 결과물이지만, 노화과정이 이러한 경험과는 별개의 존재라는 사실을 명심해야 한다. 노인이 젊은이보다 성숙하다는 것은 맞는 말이지만, 노인의 신체적 쇠퇴가 성숙의 원동력은 아니다. 삶의 경험과 건강의 저하는 독립적인 변수로서, 반드시 양립해야 할 이유는 없다.

노화의 대가로 젊음을 잃지 않아도 된다면 어떨까? 건강한 몸으로 더 오랜 삶을 사는 것은 어떨까? 사람들은 나이가 들면서 쌓여가는 지혜와 연륜을 누릴 권리가 있지만, 이러한 지혜와 연륜이 삶의 경험이 아닌 건강의 저하에서 온다는 생각은 인간의 대응기제인 '합리화'에서 비롯된 사고일 것이다. 적어도 텔로미어 치료는 노인들에게 건강한 신체로 더 많은 삶의 경험을 할 수 있는 기회를 줄 것이다.

"사회보장 재정이 고갈되지 않을까?"

베이비붐 세대가 은퇴하는 '실버 쓰나미(*silver tsunami*)' 시대에 들어오면서, 사회보장 재정이 급속도로 고갈되어 가고 있다는 소식을 수도 없이 들어보았을 것이다.

그렇다면 지금의 상황을 정리해보자. 오늘날 인간은 일반적인 은퇴시기인 65세가 되기 전까지 40~50년간 일을 한다. 은퇴는 종종 일평생 고되게 일해 온 수고에 대한 보상으로 간주되지만, 실제로 사람들은 65세가 지난 지 얼마 되지 않아 건강과 체력이 약해져 일을 더 하고 싶어도 할 수 없게 된다. 이것은 우리가 원하는 보상이 아니다.

사회보장제도의 근본적인 문제는 현대의학의 발달로 연장된 수명을 건강수명이 쫓아가지 못하는 데 있다. 사회보장제도가 시행되기 시작한 1935년에는 65세까지 생존하는 인구가 57%에 불과했으며, 생존한 사람들의 평균 여명(餘命)도 13년밖에 되지 않았다. 그러나 현재 65세까지 생존하는 인구는 80%에 이르며, 그 이후의 평균 여명도 17년으로 증가했다.[46]

그러나 이렇게 늘어난 수명기간 동안의 삶은 우리가 꿈꿔왔던 최상의 삶은 아닐 것이다. 건강수명이 개선되지 않은 상태에서 수명이 연장되면서 많은 사람들이 더 오랜 기간 질병을 견뎌야 했고, 이는 건강한 이들에게 전례 없는 부담을 안겨주었다.

65세에도 30세 때의 건강과 활력을 느낄 수 있다면, 누가 영원히 은퇴하고 싶겠는가? 정부의 입장에서도 17년간 엄청난 의료비용을 지불하는 것보다 지난 40년간 수고해온 근로자들에게 10년간의 휴가를 주는 것이 훨씬 저렴할 수 있다. 뿐만 아니라, 17년간 쇠퇴해가는 것과 비교해 건강하고 젊은 몸으로 10년 동안 휴가를 얻는다는 것은 일생을 일해 온 이들에게 훨씬 매력적인 보상일 것이다.

또한 사람들이 영원한 은퇴 대신 중도의 휴가를 얻게 된다면 사회보장비용도 절감할 수 있을 것이다. 더 많은 사람들이 언제든 원하는 때에 일을 할 수 있다면, 더 많은 이익을 축적하게 되어 충분한 휴식을 취할 자격이 있는 이들에게 더 많은 지원을 할 수 있을 것이다.

"노화 치유가 부자들에게만 이득이 되지 않을까?"

누군가는 노화 치유가 부의 불평등을 영구하게 존속시킬 것이라고 주장한다. 부자들은 텔로미어 유지에 대한 지적재산권을 획득하여 터무니없이 비싼 가격을 매기고 자신들만 소유하려고 할 것이다. 결국 이들은 연장된 수명기간 동안 축적된 복리이자와 자원을 이용하여 젊은이들을 임금생활자로 만들어버릴 것이다.

그러나 이러한 반(反)이상향적 공포는 현실화될 수 없다. 먼저, 텔로머라아제 유도제가 단일 또는 소수 화학물질로 구성되어 있다는 사실을 기억해야 한다. 다른 화학물질과 마찬가지로 텔로머라아제 유도제도 질량분석으로 역설계(reverse-engineering)될 수 있기 때문에 숙련된 화학자들에 의해 재현될 수 있다. 그렇다면 다시 한 번 생각해보자. 지금까지 정부에서 화학물질에 대한 대중의 접근을 어떻게 제한해왔는가? 또한 엑스터시(Ecstasy)나 LSD, 옥시콘틴(Oxycontin)과 같은 마약류를 일반인들이 입수하지 못하게 하기 위해 어떠한 제한을 하고 있는가? 만약 텔로머라아제 유도제를 일반 대중이 사용할 수 있도록 하지 않는다면, 결국 통제 불가능한 암시장이 형성

될 것이다.

　물론 수명치료제가 처음으로 출시되면 돈이 있는 사람들이 먼저 사용하게 될 것이다. 그러나 자본주의의 본성대로라면, 누군가는 새로운 시장을 찾고 연구에 투자하여 가격을 낮춤으로써 수명치료제를 대중화할 것이다. 한때는 부자들만 휴대폰을 보유하고 있는 시기도 있었지만, 버라이즌(Verizon)이나 애플(Apple)이 시장 공급을 독점하여 지금처럼 강력한 대기업이 된 것은 아니지 않은가?

"노화 치유가 자연법칙에 어긋나거나 신성을 모독하는 것은 아닌가?"

　물론 노화 치유가 자연의 법칙에 어긋난다고 주장할 수 있다. 그러나 가장 자연스러운 상태의 인간은 춥고, 배고프고, 기생충에 감염되고, 포식자로부터 스스로를 보호할 수 없으며, 토머스 홉스(Thomas Hobbes)의 유명한 구절과 같이 "더럽고, 야만적이며, 짧은" 삶을 살게 된다. 자연 상태의 인간은 노화로 인한 질병에 취약할 수밖에 없다. 이와 유사하게 오래전 사람들은 천연두에 취약했다. 그러나 우리 중 천연두를 비자연적으로 박멸한 것이 끔찍한 실수라고 주장하는 사람은 거의 없을 것이다.

어떤 사람들은 인간은 결국 늙게 되어 있다고 말하면서 항노화제의 개념에 반대한다. 참으로 실망스러운 생각이다. 늙게 되어 있다는 말은 마치 우리가 병들어야 하며, 온난한 기후에서만 살고, 걸어다니기만 해야 한다고 말하는 것과 같다. 하지만 우리 중에 약이나 옷, 자동차를 거부하는 이는 거의 없지 않은가! 인간이 늙게 되어 있다는 말은 노화를 피할 수 없는 존재로 받아들이며 진보에 대한 개념을 거부하는 것이다.

노화 치유 연구를 하다 보면 간혹 종교계 또는 철학계의 반대에 부딪힌다. 어떤 이는 노화 치유를 신의 계시에 반항하는 것이라고 생각한다. 그러나 자신의 종교나 철학 때문에 노화 치유를 추구한다는 사람도 많다. 몇 년 전 기독교 작가 실비 반 후크(*Sylvie Van Hoek*)와 대화하면서 매우 놀란 적이 있다. 나는 그녀가 노화 치유에 반대할 것이라고 예상했다. 그러나 놀랍게도 그녀는 노화 치유를 추구하는 것이 기독교적 신념과 양립할 수 있을 뿐만 아니라, 실제로 기독교적 신념도 우리에게 노화 치유를 추구하도록 권장하고 있다고 했다. 나는 이

전 글에서 그녀의 말을 인용했다(이 글은 온라인에서 이용할 수 있다). 그러나 이 대화로부터 얻었던 가장 중요한 교훈은 적어도 신앙인들이 노화 치유 연구에 대해 획일적인 의견을 보이는 것이 아니라는 점이었다. 종교는 저마다 다르며, 같은 집단 내에서도 개인마다 그 종교에 접근하는 방식이 다르다.

나는 미국인이기 때문에 주로 유대기독교의 전통을 접해왔다. 동양 종교들도 극단적인 수명 연장에 대해서는 각자만의 견해가 있다. 데릭 마허(Derek Maher)와 캘빈 머서(Calvin Mercer)의 저서 『종교, 그리고 급진적 수명연장의 함의』(Religion and the Implications of Radical Life Extension)에서는 그러한 관점을 심도 있게 탐구했다.

요컨대, 누군가는 매번 항노화 과학에 대해 철학적, 종교적 우려를 제기할 것이다. 그러나 노화는 고통스러운 고문의 과정이 될 수 있다. 그렇기 때문에 나로서는 쇠퇴의 최종 단계를 지나는 것이 본질적으로 선(善)이라거나 우리가 무한정 건강을 유지할 방법을 찾는 것 자체가 악이라는 관점을 쉽게 받아들일 수 없다.

"불멸은 이기적인 목표가 아닌가?"

나 자신을 위해 노화를 치유하고자 하는 욕구가 없다고 하지는 않을 것이다. 나는 젊고, 건강하고, 활력 넘치는 것이 좋다. 매일 아침 일어나 회사에 나가 어려운 과학 문제와 씨름하는 것이 좋다. 그냥 앉아만 있는 것은 정말 싫다. 나만큼 시간 낭비를 싫어하는 사람도 없을 것이다. 나는 지금 61세이며, 노화가 목전에서 기다리면서 질병과 노쇠에 엄청난 시간을 내어주라고 위협하고 있다.

물론 노화 치유에 대한 욕망은 나 자신만을 위한 것이 아니다. 부모님이 80대 중반이시지만 비교적 건강하게 살아 계시기 때문에 하루 빨리 노화 치료를 받게 해드리고 싶다. 그리고 다른 가족들과 친구들, 동료들에게도 노화 치료를 선물하고 싶다.

조금이라도 이기적인 목적을 추구하는 것이 나쁜 것인가? 사실은 자본주의도 이러한 개념에 입각해 있다. 이 문제로 여기서 시간을 낭비하고 싶지는 않다.

이 문제에 대한 전문 과학자의 견해를 듣고 싶다면 브라이언 터너(Bryan S. Turner)의 『인간은 영원히 살 수 있는가: 사회학적 및 도덕적 탐구』(*Can We Live Forever: A Sociological and Moral Inquiry*)를 읽어보기 바란다. 터너는 이렇게 썼다. "특정한 권리가 주어진다면 우리는 반드시 그에 따른 의무를 찾아내야 한다. 세대간 정의에 따르면, 수명을 연장할 수 있는 권리에는 반드시 후손들에게 자원을 돌려주어야 할 의무가 전제되어야 한다."

이것은 한 번쯤은 생각해보아야 할 문제이다.

"독재자의 장수와 같이 후손들이 충분히 피할 수 있는 문제가 발생하는 것은 아닌가?"

간단하게 말해, 그렇다. 그러나 이러한 문제는 어느 기술 분야에도 적용된다. 인간이 자동차를 발명했을 때, 교통안전과 대기오염 문제도 함께 발생했다. 인간이 공장을 발명하여 상품의 생산을 산업화했을 때, 우리는 종전의 경제 및 사회 구조를 완전히 변경해야 했다. 인간이 불을 발견했을 때, 집에 불을 놓지 말아야 한다는 교훈을 직접 경험을 통해 깨달아야 했다.

우리는 이러한 발전을 후회하지 않는다. 모든 발전에는 문제가 따르기 마련이지만, 후손들이 이러한 발전을 다룰 수 있을지 걱정하여 그 자체를 거부하는 것은 해결책이 아니다.

독재자의 장수에 관한 문제에 대해 말하자면, 노화가 매우 훌륭한 해결책이라고만은 할 수 없다. 실제로 제2차 세계대전 시대의 독재자 중 장수한 사람은 거의 없었다. 그렇다고 노화가 북한의 독재자 문제를 해결한 것도 아니다.

> **"대통령이 24세로 보이거나,
> 혹은 조부모, 부모, 자녀가 모두 같은 나이로
> 보이는 것이 이상하지 않을까?"**

정말이다. 노화 치유는 우리가 살고 있는 이 세계를 변화시킬 것이다. 그 변화 중 일부는 혼란스러울 수도 있다. 그러나 이 모든 변화가 궁극적으로는 좋은 방향으로 결실을 맺을 것이라는 점을 진심으로 믿지 않았다면, 나는 이 일을 시작하지도 않았을 것이다.

그동안 부딪혀왔던 여러 반대에 대한 나의 결론은 이렇다. 100년 전 노화치료법을 발견했다고 가정해보자. 우리가 절대 늙지 않고 노쇠하지도 않으며, 노화라는 약탈자에게 친구나 가족을 잃지 않아도 되는 세계에 살고 있다고 가정해보자. 그리고 앞서 언급한 몇 가지 사회문제들이 실제로 나타나고 있다고 생각해보자.

그 문제를 어떻게 다룰 것인가? 노화 치료를 무효화하고 예방 가능한 질병으로 전 세계 사람들을 사망에 이르게 내버려두라고 정부에 압력을 가하기라도 할 것인가?

우리는 이 사회가 문제를 해결할 수 있는 다른 방안을 찾기를 바라게 되지 않을까? 결과적으로 노화로 인한 사망을 해결책으로 간주하는 사람을 거의 없을 것이다. 그렇기 때문에 나는 하루 빨리 노화 치유의 해법이 열리기를 바란다. 그에 따른 문제는 그 후에 해결해야 할 문제이다.

참고문헌

1. Müller HJ.(1938) "The remaking of chromosomes". *Collecting Net* 13: 181~198.
2. McClintock B.(1941) "The stability of broken ends of chromosomes in Zea mays". *Genetics* 26:234~282.
3. Hayflick L.(1965). "The limited in vitro lifetime of human diploid cell strains". *Exp. Cell Res.* 37 (3):614~636.
4. Hayflick, L.(1965). "The limited in vitro lifetime of human diploid cell strains". *Exp. Cell Res.* 37 (3): 614~636.
5. Watson, J. D. "Origin of concatemeric T7 DNA". *Nat New Biol.* 1972; 239(94):197~201.
6. Olovnikov AM. "Principle of marginotomy in template synthesis of polynucleotides". *Doklady Akademii nauk SSSR.* 1971; 201(6):1496~9
7. Cawthon, R. M., K. R. Smith, et al. (2003). "Association between telomere length in blood and mortality in people aged 60years or older". *Lancet* 361(9355): 393~5.
8. Shampay J, Szostak JW, Blackburn EH. (1984) "DNA sequences of telomeres maintained in yeast". *Nature* 310: 154~157.
9. Greider CW, Blackburn EH. (1985) "Identification of a specific telomere terminal transferase activity in Tetrahymena extracts". *Cell* 43: 405~413.
10. Feng, J., W. D. Funk, et al. (1995). "The RNA component of human telomerase". *Science* 269(5228): 1236~1241.
11. Weinrich, S. L., R. Pruzan, et al. (1997). "Reconstitution of human telomerase with the template RNA component hTR and the catalytic protein subunit hTRT". *Nat Genet* 17(4): 498~502.
12. Cawthon, R. M., K. R. Smith, et al. (2003). "Association between telomere length in blood and mortality in people aged 60 years or older". *Lancet* 361(9355): 393~5.
13. Sahin, E., et. al. "Telomere dysfunction induces metabolic and mitochondrial compromise".

Nature 470(7334): 359~365.(2011)

14. Mirabello, L., et. al. "The association between leukocyte telomere length and cigarette smoking, dietary and physical variables, and risk of prostate cancer". *Aging Cell* 8(4): 405~413. (2009)

15. McGrath, M., et. al. "Telomere length, cigarette smoking, and bladder cancer risk in men and women". *Cancer Epidemiol Biomarkers Prev* 16(4): 815~819.(2007)

16. Bodnar, A. G., M. Ouellette, et al. (1998). "Extension of life-span by introduction of telomerase into normal human cells". *Science* 279(5349): 349~352.

17. Rudolph, K. L., S. Chang, et al. (1999). "Longevity, stress response, and cancer in aging telomerase-deficient mice". *Cell* 96(5): 701~712.

18. Funk, W. D., C. K. Wang, et al. (2000). "Telomerase expression restores dermal integrity to in vitro-aged fibroblasts in a reconstituted skin model". *Exp Cell Res* 258(2): 270~278.

19. Samper, E., J. M. Flores, et al. (2001). "Restoration of telomerase activity rescues chromosomal instability and premature aging in Terc-/- mice with short telomeres". *EMBO Rep* 2(9):800~7

20. Cawthon, R. M., K. R. Smith, et al. (2003). "Association between telomere length in blood and mortality in people aged 60 years or older". *Lancet* 361(9355): 393~5.

21. Tomás-Loba, A., I. Flores, et al. (2008). "Telomerase Reverse Transcriptase Delays Aging in Cancer-Resistant Mice". *Cell* 135(4): 609~622.

22. Harley, C. B., W. Liu, et al. (2010). "A Natural Product Telomerase Activator As Part of a Health Maintenance Program". Rejuvenation Res: Epub ahead of print.

23. Harley, C.B., et al. (2011). "A natural product telomerase activator as part of a health maintenance program". *Rejuvenation Res*. 14(1): 45~56

24. Brouilette, S., R. K. Singh, et al. (2003). "White cell telomere length and risk of premature myocardial infarction". *Arterioscler Thromb Vasc Biol* 23(5): 842~6

25. Thomas, P., N. J. O' Callaghan, et al. (2008). "Telomere length in white blood cells, buccal cells and brain tissue and its variation with ageing and Alzheimer' s disease". *Mech Ageing Dev Epub* 129(4):183~90

26. Yaffe, K., K. Lindquist, et al. (2009). "Telomere length and cognitive funciton in community-dwelling elders: Findings from the Health ABC Study". *Neurobiol Aging* (Epub ahead of print).

27. Savale, L., A. Chaouat, et al. (2009). "Shortened telomeres in circulating leukocytes of patients with chronic obstructive pulmonary disease". *Am J Respir Crit Care Med* 179(7): 566~571.

28. Le Maitre, C.L., etc. al. (2007). "Accelerated cellular senescence in degenerate intervertebral discs: a possible role in the pathogenesis of intervertebral disc degeneration". *Arthritis Research and Therapy* 9(3):R45

29. Zhai, G., A. Aviv, et al. (2006). "Reduction of leucocyte telomere length in radiographic hand osteoarthritis: a population-based study". *Ann Rheum Dis* 65(11): 1444~8.

30. Schönland SO, Lopez C, et. al (2003). "Premature telomeric loss in rheumatoid arthritis is ge-

netically determined and involves both myeloid and lymphoid cell lineages". *Proc Natl Acad Sci U S A*. 100(23):13471~6

31. Valdes, A. M., J. B. Richards, et al. (2007). "Telomere length in leukocytes correlates with bone mineral density and is shorter in women with osteoporosis". *Osteoporos Int* 18(9): 1203~10.
32. Glotin AL, Debacq-Chainiaux F, et. al. (2008). "Prematurely senescent ARPE-19 cells display features of age-related macular degeneration". *Free Radic Biol Med*. 44(7):1348~61.
33. Sasaki M, Ikeda H, et. al. (2008). "Telomere shortening in the damaged small bile ducts in primary biliary cirrhosis reflects ongoing cellular senescence". *Hepatology* 48(1):186~95.
34. Alder JK, Chen JJ, et. al. (2008). "Short telomeres are a risk factor for idiopathic pulmonary fibrosis". *Proc Natl Acad Sci U S A*. 105(35):13051~6. Epub 2008 Aug 27.
35. Andrews, N. P., H. Fujii, et al. (2009). "Telomeres and Immunological Diseases of Aging". *Gerontology* 56(4):390~403
36. Rudolph, K. L., S. Chang, et al. (1999). "Longevity, stress response, and cancer in aging telomerase-deficient mice". *Cell* 96(5): 701~712.
37. Kosmadaki, M. G. and B. A. Gilchrest (2004). "The role of telomeres in skin aging/photoaging". *Micron* 35(3): 155~159.
38. Aguennouz M, Vita GL, et. al (2010). "Telomere shortening is associated to TRF1 and PARP1 overexpression in Duchenne muscular dystrophy". *Neurobiol Aging*. 2010 Feb 4.(Epub ahead of print)
39. Decker ML, Chavez E (2009). "Telomere length in Hutchinson-Gilford progeria syndrome". *Mech Ageing Dev*. 130(6):377~83.
40. Vulliamy TJ, Dokal I. (2008). "Dyskeratosis congenita: the diverse clinical presentation of mutations in the telomerase complex". *Biochimie* 90: 122–130.
41. Du HY, Idol R (2007). "Telomerase reverse transcriptase haploinsufficiency and telomere length in individuals with 5p- syndrome". *Aging Cell* 6(5):689~97.
42. Callen E, Samper E, et. al. (2002). "Breaks at telomeres and TRF2-independent end fusions in Fanconi anemia". *Hum Mol Genet* 11: 439~444.
43. Toyoshima, M., K. Ohno, et al. (1999). "Cellular senescence of angiofibroma stroma cells from patients with tuberous sclerosis". *Brain Dev* 21(3): 184~91.
44. Chang, S., A. S. Multani, et al. (2004). "Essential role of limiting telomeres in the pathogenesis of Werner syndrome". *Nat Genet* 36(8): 877~82.
45. Ghosh S, Feingold E, et. al. (2010). "Telomere length is associated with types of chromosome 21 nondisjunction: a new insight into the maternal age effect on Down syndrome birth". *Hum Genet*. 2010 Jan 10. (Epub ahead of print)
46. U.S. Social Security Administration: http://www.ssa.gov/history/lifeexpect.html

찾아보기

개념증명(Proof of Concept) 41, 57, 97, 98, 135
경성과학(hard science) 74
고속대량 선별검사 84, 87
교차결합 20
기대수명(life expectancy) 69, 70, 106
노랑초파리(Drosophila melanogaster) 41
노화(senescence) 43
노화 기전 18
노화 역전 65, 106
노화 치유 23, 58, 80, 82, 93, 139, 141, 147~153
노화과정 18, 19, 27, 28, 30, 32, 33, 43, 49, 56, 58, 59, 68, 103, 108, 117, 122, 143, 144
노화와 발달 116, 117
뉴클레오티드(nucleotide) 47, 48, 54
단백질최종당화산물 20
레너드 헤이플릭(Leonard Hayflick) 43, 44, 55, 56
론 데피노(Ron DePinho) 64, 71, 107~109, 130
마리아 블라스코(Maria Blasco) 100, 102
만성 폐쇄성 폐질환(COPD) 131
말단복제 문제 44~47
면역체계 48
바닷가재 31
바버라 매클린턱(Barbara McClintock) 42, 47
복제노화(replicative senescence) 43, 55, 69, 133
산화 스트레스 74, 100
생물학적 연령 49, 115
생물학적 전쟁 32, 35
생활연령(chronological age) 49, 104, 113~116, 119

선천성 장애   136
선천성 조로증(*Progeria*)   119
세포 불멸화   122
세포분열   22, 44~47, 56, 61, 115, 116, 135
세포사(細胞死)   42, 47, 99
손상(*wear and tear*) 이론   23~25
수명   59, 60, 65, 92, 98
수명치료제   148
슈반세포(*Schwann cell*)   130
시에라사이언스   62, 63, 81, 86~89, 91, 105, 106
심혈관 질환   129
아브리 데그레이(*Aubrey de Grey*)   140
알렉세이 올로브니코프(*Alexei Olovnikov*)   44, 45, 55, 56
알츠하이머병   118, 130
암   31, 46, 47, 60, 71, 80, 81, 86, 99, 106, 107, 114, 120~128
암 치료제   79, 80
암세포   86, 88, 122~124
암유전자   122
약한 텔로머라아제 활성제   66
양성 대조군(*positive control*)   85
억제 단백   61, 62
에이즈   133, 134
엔트로피   22, 23
엘리자베스 블랙번(*Elizabeth Blackburn*)   56, 57
역설계(*reverse-engineering*)   147
연대(*chronology*)   115, 116
연대적 노화   114
열역학 제2법칙   20, 22
열죽음   23
염색체   11, 39, 41, 42, 44, 54, 55, 57, 72, 98, 103, 121
유리기(遊離基, *free radical*)   25, 71, 72
인간 세포주   98, 99
인간 텔로머라아제   41, 79, 98
인구과잉 안전밸브   26~28
일화적인(*anecdotal*) 보고   67
임상적 불사   12
자연적인 노화 과정   100
작은 보호탑 해파리(투리토프시스 누트리쿨라*Turritopsis nutricula*)   30
잔 칼망(*Jeanne Calment*)   69
잔여 세포분열 횟수   115, 116
잭 조스택(*Jack Szostak*)   56

제론(Geron)　41, 62, 69, 79, 80, 81, 99, 101, 102, 105, 109, 127, 135
제임스 왓슨(James Watson)　44, 45
종양억제유전자　122
짧은 텔로미어병　12
찰스 다윈(Charles Darwin)　31
최대수명　30, 70, 98
캐럴 그라이더(Carol Greider)　56, 57
캘빈 할리(Calvin Harley)　127
테트라히메나(Tetrahymena)　56~58
텔로머라아제　41, 50, 54, 55, 57~68, 79, 81~86, 88~90, 98~109, 116, 120~127, 129, 131, 135, 136
텔로머라아제 유도제　64, 68, 90, 117, 120, 146, 147
텔로미어　11, 39~42, 46~50, 56, 57
텔로미어 말단전달효소(telomere terminal transferase)　56
텔로미어 시계　48, 54
텔로미어단축질환　11
토머스 맬서스(Thomas Malthus)　27, 28
토머스 홉스(Thomas Hobbes)　148
퇴행성 추간판 질환　132
티토누스 시나리오(Tithonus Scenario)　115
평균 여명(餘命)　145
프랜시스 크릭(Francis Crick)　44
플라스미드(plasmid)　98, 99, 109
헤르만 뮐러(Hermann Mueller)　41, 42
헤이플릭 한계(Hayflick Limit)　44, 56, 70, 79, 99, 101
헬라(Hela)　64, 88, 106
혈액세포　48, 129
황기(黃芪)　105
황반변성　123, 133

4-하이드록시 타목시펜(4-hydroxytamoxifen)　107
C0057684　86, 87, 90
DNA　11, 39, 41, 42, 44~47, 55, 60, 61, 68, 72, 82, 98, 99
DNA 어레이(array) 분석　101
hTERT RT-PCR HTS Assay　88
Mutant hTR　85, 86
《PLoS one》　75
Product B　62, 106
RNA　41, 58
RNA 템플릿(template)　54, 85
TA-65　62, 105, 106